De Opgang van Mens & Wetenschap

verkorte uitgave

Redactioneel Commentaar

Het hier voor u liggend artikel is een verkorte uitgave van de artikelenreeks "The Ascent of Man and Science in the Confrontation with the Mysterium Coniunctionis". In het oorspronkelijke stuk vindt u ook de bronvermeldingen. Deze vertaalslag werd uit vriendendienst ondernomen door Luc Leon Paulissen, wonend in de omgeving van Maastricht. Uit het resultaat valt een niet te miskennen inbreng uit zijn Roermondse seminarietijd waar te nemen. Het mag gezegd worden: hij heeft uitstekend werk verricht. Zoals Luc Paulussen schreef: "De voorbije drie en een halve maand heb ik met véél plezier aan de vertaling gewerkt omdat het onderwerp mij na aan het hart ligt, maar vanaf vandaag kan ik eindelijk weer overgaan tot de orde van de dag. Zo zal ik mij zetten aan de grondige bestudering van een stapel boeken dat op mijn bureau ligt en mij al enige maanden verwijtend aankijkt omdat ze ongelezen bleef. Wegens de vertaalwerkzaamheden ontbrak daartoe de tijd. Leg dat maar eens uit aan een stapel boeken!"

INLEIDING

Het materiële is doortrokken van de geestelijke invloedsfeer. Het Mysterium Conjunctionis duidt op de geheimzinnige band tussen geest en materie, als bij een mengsel van olie en azijn. Een prachtig voorbeeld van deze wat vreemde verbintenis zien we in de menselijke ervaring.

De ervaring van het 'zijnde' is een onuitputtelijke bron van ver- wondering en ontdekking. Voor die ontdekking blijkt de mens zélf het ultieme onderzoeksdomein. In het Mysterium Conjunc- tionis vormt de materiële realiteit de toegangspoort tot het geestelijke, terwijl anderzijds het geestelijke niet zal nalaten op het materiële in te werken – we denken niet alleen door de her- senen maar door de ziel 'via en door' de hersenen in onontwar- bare verbondenheid. Het moderne wetenschapsonderzoek richt zich uitsluitend op de materiële kant van deze vergelijking; het wetenschappelijk establishment heeft een zeer diepe buiging gemaakt voor de 'godin der rede', een buiging die alle proporties te buiten gaat. De wetenschap, zoals die anno 2000 gevormd is, vertegenwoordigt de 'gruwel-der-verwoesting' waar de profeet Daniël van spreekt, staande in de heilige plaats (Dan. 11:31). Bevindt dit heiligdom zich (ook) niet in de tempel van ons lichaam? Want de moderne wetenschapsbeoefening is een dwaze zelfverheffing van de mens in zijn autonome onbuigzame trots. In de bestudering van "De Opgang van Mens & Wetenschap – van Thales tot Newton" gaan we deze kwestie uitdiepen.

De Opgang van Mens en Wetenschap
in de confrontatie met het
Mysterium Coniunctionis

VAN THALES TOT NEWTON

door Hubert Luns

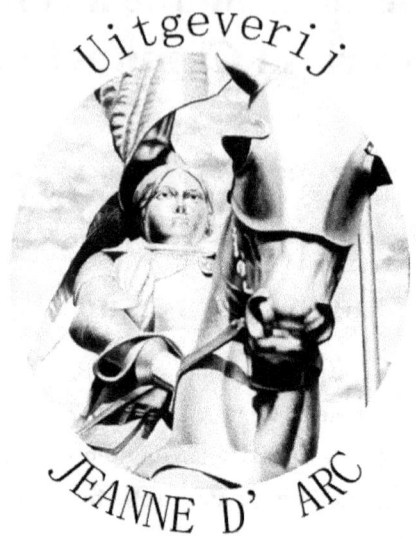

JEANNE D'ARC UITGEVERIJ – Brugge, België

- oktober 2018 -

ISBN 978-0-244-40949-4
Wettelijk depot D/2018/14.603/17

(1) De natuurfilosofie der Klassieke Oudheid
(5ᵉ eeuw BC tot 4ᵉ eeuw AD)

1.1 – De essentie van het zijnde

Voor de oppervlakkige toeschouwer lijkt de puur materialistische visie het geestelijke bestaanselement te ontkennen, maar indirect houdt het er wel rekening mee. Het loochent het geestelijke als de 'oorsprong' van het stoffelijke, maar ontkent niet dat het geestelijke een exponent of nadere uitwerking daarvan is. Daarom is de materialistisch ingestelde mens typisch van mening dat om tot een juist begrip te komen van de aard van een denkproces, ja van de zuivere rede, slechts een correct begrip nodig is van het waarneembare universum van de hersenmassa. Deze opvatting impliceert dat als deze massa afsterft, de geest (of wat men daaronder verstaat) mee ophoudt te bestaan. Het is in feite de ziel die denkt, maar dan via en met de hersenen. Voor de materialist is elk spreken over een onafhankelijke ziel brabbeltaal, want vanaf het moment dat de materiële structuur is ontbonden, zou van het zelfstandig denkproces slechts een volslagen 'niets-zijn' overblijven. Als in het uiterste geval sprake is van een geest of wat daarop lijkt, wordt deze als een afspiegeling van een soort universele geest gezien, die zich binnen de materiële 'matrix' van het heelal zou bevinden. In dit systeem is geen plaats voor individualiteit mits in termen van een lichamelijk bestaan; het enige dat van het individu na zijn dood overblijft zou een stinkende massa ontbindend weefsel zijn. Op die manier herkent de mens zich niet wezenlijk als een geestelijk creatuur, maar louter als een zelfbewust stoffelijk lichaam. Aldus werd de menselijke ziel verbannen naar een puur materieel-verstandelijke eigenschap van het ik.

Daarentegen beschouwt het godsdienstige standpunt hetgeen niet direct kan worden waargenomen – dus indirect – als zijnde de essentie van het zijnde, volgens de definitie van de brief aan de Hebreeën (11:3): *"dat de dingen die men ziet niet uit het zichtbare zijn voortgekomen"* (ut ex invisibilibus visibilia fierent). Met andere woorden: *"De zichtbare wereld berust niet in zichzelve; zij is 'opgehangen' aan een 'generzijds' dat slechts in het geloof kan worden aanschouwd en toch de eigenlijke werkelijkheid uitmaakt."* (Otto Kuss) Hieruit volgt dat als de waarneembare dingen ophouden te bestaan, zoals de hersenen, de ermee verband houdende geestelijke entiteit, die enkel doorheen zijn uitwerking kon worden ervaren, de nomade is die overblijft. Dit is de meest zinvolle benadering, wat vroeger heel normaal werd bevonden.

De zuivere mogelijkheid tot ontvouwing noemt Aristoteles de 'materia prima', een belangrijk filosofisch concept, dat gewoonlijk wordt omschreven als een eigenschap van de ruimte die voorafgaat aan de verdere opbouw van het concrete ding. De materia prima is op zich genomen geheel leeg van iedere bepaling en dient als 'mogelijkheid tot bepaling' te worden verstaan. In diezelfde trant is het volstrekt aanvaardbaar van een wereld uit te gaan die gemaakt is uit hetgeen niet waarneembaar is en niet wordt gezien (zintuigenlijk dan). Op deze wijze gaat het geestelijke aan het stoffelijke vooraf en niet andersom.

De wederzijdse relatie tussen lichaam en ziel bestaat binnen de grenzen van het Mysterium Conjunctionis. Zolang de mens in een aards omhulsel leeft, is deze wederzijdse relatie aan zijn bestaan verknocht. De magiërs van weleer waren mannen-van-wijsheid, die deze speciale band probeerden te doorgronden via de bestudering van het menselijk subject. Alleen door rekening te houden met het gehele spectrum van geest en lichaam zal een arts zijn beroep goed kunnen uitoefenen, zo vond men eertijds. Daarom waren de oude wijzen van weleer tevens 'geneesheren', de 'iatrowijsgeren' of 'geneesheer-filosofen'. Met povere wetenschappelijke middelen bleef hun aandacht op de menselijke kant van de vergelijking gericht. Gaandeweg, maar uiterst traag, breidde het onderzoek zich tot andere domeinen uit en kreeg het een meer systematisch karakter.

1.2 – De essentie van de Klassieke Oudheid

Men kan gerust stellen dat de moderne wetenschap een aanvang nam met de natuurfilosofie van de klassieke Griekse oudheid. Deze natuurfilosofie werd gekenmerkt door de 'holistische' of literair-intuïtieve benadering. Deze was voorbehouden aan de grote mannen Homerus, Isocratus en Aristoteles. De holistische levensovertuiging ziet het totaal als belangrijker dan zijn delen. In die omstandigheid werd de eerste stap op wetenschappelijk gebied door Thales van Miletus gezet die rond 600 voor Christus leefde. Hij was de eerste die systematisch denken voorstond zonder op mythologische bespiegelingen terug te vallen. Thales gebruikte geometrie om bijvoorbeeld de hoogte van een pyramide te berekenen, en hij was de eerste die een zonsverduisternis voorspelde. Zijn leerling Anaximander heeft de eerste gedocumenteerde wetenschappelijke experimenten uitgevoerd (zoals de latere Griekse schrijvers aangaven). Diens leerling was Pythagoras. Als tegenhanger van de Homerische traditie was er het trio Pythagoras, Plato en Euclides, die de 'elementaire' denkwijze voorstonden waarin de delen belangrijker worden geacht dan het geheel. Deze benaderingswijze was in feite een randverschijnsel want de Griekse cultuur is altijd primair literair gebleven. Het Platoonse denken werd verafschuwd, reden waarom Plato's leraar Socrates werd veroordeeld tot het drinken van de dodelijke gifbeker (dollekervel). Aristoteles was op zijn beurt een leerling van Plato, maar dacht toch geheel anders.

De 'elementaire' benadering wordt gekenmerkt door de koel-analytische benadering. Juist deze vorm is zo typerend voor de wetenschappelijke praktijk van onze post-moderne tijd. Plato, die zo'n 200 jaar na Thales leefde, huldigde de opvatting van een onafhankelijke ziel, maar anders dan in onze betekenis. Hij zag de ziel als een onveranderlijke wereld van ideeën, een soort 'materia prima' (term van Aristoteles), waar de materiële wereld via een kopieerinspanning zijn bestaan aan zou danken. Deze filosofie staat niet los van het 'apeiron' (het ongrijpbare), een term van Anaximander. Vanuit Plato's filosofie ontwikkelde zich het concept van wat wij 'een wetenschappelijk feit' plegen te noemen.

Voor Plato duidden ideeën de oorspronkelijke geometrische vormen aan, die de basis vormen van alle dingen die zich in de ons omringende wereld bevinden en die we zintuigenlijk kunnen waarnemen. Plato beweerde dat de ideële wereld der geometrie werkelijk bestaat in een eeuwig onveranderlijke en afzonderlijke wereld, terwijl Aristoteles zei dat die twee onlosmakelijk met elkaar verenigd zijn. Aannemelijk is dat de Platoonse visie op de zogenaamde heilige geometrie berust (van de vijf convex regelmatige polyhedra), die in een veronderstelde hogere wereld zijn bestaansrecht heeft. De verschijningsvormen zouden hun expressie hieraan ontlenen. De wereld, zoals wij die kennen, zou haar uitdrukkingsvorm van die hogere wereld afleiden in een voortdurende poging tot nabootsing. En omdat, volgens Plato, de zintuigenlijke wereld van onvolmaakt materiaal is gemaakt, leidt iedere poging tot nabootsing tot een benaderende en minderwaardige wereld van verschijnselen indien vergeleken met de volmaakte wereld van wiskundige uitdrukking. Het is deze schizofrene benadering die in ons wetenschappelijk denken de toon heeft gezet. Het pad daartoe wordt in dit hier voor u liggende boek stap voor stap gevolgd. Volgens de Platoonse wereldvisie leven we in een maakbare wereld waar alles verbeterd kan worden tot zelfs het maaksel Gods, zijn schepping. Onze wereld zou een onvolmaakte afbeelding van het ware zijn dat nauwelijks respect verdient. Waar blijft het respect voor de schepping wiens afhankelijke metgezel wij zijn? De mens dient zich te voegen, waarbij het streven veeleer op dienen als onderwerpen dient te zijn gericht, veeleer op schikken als beschikken en op beheersen als heersen.

Het zal de lezer niet zijn ontgaan dat de Platoonse wereldvisie niet strookt met de Christelijke. Dat zou in het begin van de vierde eeuw na Christus onder keizer Constantijn, die het Christendom terwille was, tot een diepgaand conflict leiden. Onder hem begonnen Christelijke kwesties ook staatszaken te worden, ofschoon men zich kan afvragen wie daar het meest profijt van trok: de religie of de staat, want in de praktijk was het Christendom als staatsgodsdienst dikwijls onderworpen aan het keizerlijk decreet; de paus werd in zekere zin schatplichtig aan de staat, een dubbelzinnigheid die sindsdien is blijven bestaan. Ik wil erop wijzen dat de keizer zich pas in extremis, dat is op zijn doodsbed, tot het 'ware geloof' bekeerde. Geen wonder dat heidense elementen de Kerk zijn binnengedrongen (denk aan de datum van de kerstviering). Het oprecht Christelijke element vertegenwoordigde Constantijns moeder, de godsvruchtige Helena. Onder deze omstandigheid duurde het nog twee eeuwen voordat de hete adem van de Christelijke gezagdragers door alle weerspannigen in het keizerrijk werd gevoeld, van hen die zich tegen het nieuwe geloof hadden gekeerd. Onder de ketters hoorden ook de Platoonse 'idealisten', die tegenwoordig wetenschapslieden zouden heten. Er heeft nooit een ketterse beweging met die naam bestaan, maar deze mensen zouden zich beslist hebben thuisgevoeld in het gezelschap van de Nestorianen of Monofysieten; dat zijn allen die in een enkele natuur van de Zoon van God geloofden terwijl de Kerk twee naturen in één Persoon belijdt: de goddelijke en de menselijke. In Klein Azië, dat in die tijd ons voornaamste aandachtsveld is, waren de belangrijkste stromingen het Gnosticisme, het Manicheïsme (een soort Gnosticisme), het Nestorianisme, het Arianisme en het Montanisme, waarvan alleen de laatste twee niet richting Perzië op zijn gegaan.

(2) De verbanning van het Griekse denken uit Europa
(5^e en 6^e eeuw)

In het vorige hoofdstuk bespraken we de Platoonse filosofie van de oude Griekse cultuur, een filosofie die zich in feite afzette tegen de literair-intuïtieve traditie. Dat laatste vormde wel de kern van de Griekse cultuur. Het Platoonse, wat gewoonlijk als het 'Griekse denken' wordt gezien, heeft de gedachtengang bepaald die zo kenmerkend is voor ons huidige tijdperk. Het ging een lange heel lange weg om tenslotte bij ons uit te komen. We gaan dit pad langs opeenvolgende stadia volgen. Het voert ons eerst naar het oosterse deel van het Romeinse Rijk, maar uiteindelijk werd dit denken daaruit verbannen zoals het ook uit de Griekse cultuur werd verbannen.

2.1 – Een nieuwe synchronisatie van de wereldgeschiedenis

We richten onze aandacht op het jaar 527 na Christus toen Justinianus de Grote (ca 482-565) na het overlijden van zijn oom de alleenheerser werd over het Byzantijnse rijk. De ontbinding van het Romeinse rijk was al ruim honderd jaar gaande. De situatie werd er niet beter op toen in het jaar 535 de Krakatoa ontstond, een nieuwe vulkaan in de Indonesische archipel. Het was een gigantische uitbarsting, waarvan de klap in China 3.000 kilometer ver weg kon worden gehoord. Door de titanische hoeveelheid stof en gruis die omhoog spoot, werden de weerspatronen tientallen jaren ernstig verstoord. Daardoor waren er wereldwijd misoogsten en heersten er overal ziektes. Deze uitbarsting zette een reeks gebeurtenissen in gang die voor immer de politieke constellatie in de wereld zou veranderen... De neergang van het Romeinse rijk was dus niet slechts te wijten aan wat sommigen een onstandvastig beleid hebben genoemd.

2.2 – Justinianus wilde het gelovige volk tot in de schoot der Kerk terugvoeren

Uit alles blijkt dat Justinianus overtuigd was van de goddelijke roeping van de aan hem toebedeelde taak, die eruit bestond om de verloren provincies weer in de schoot der Kerk te brengen en de schaapskooi zelf op orde te stellen, wel te verstaan: binnen de goddelijke orde! Samen met zijn vrouw Theodora had Justinianus de leiding over de meest schitterende periode uit de geschiedenis van het laat-Romeinse rijk. Hij herwon Noord Afrika, Spanje en Italië en voerde een grote codificatie uit van het Romeinse recht.

2.3 – De kwestie van het wezen van Gods natuur

Wat ons het meest bezighoudt, is het keizerlijke decreet uit 554 aan de bevolking van Constantinopel betreffende het geloof. Dat was kort na het Concilie van Constantinopel waarin Justinianus zware straffen aankondigde voor eenieder die het rechtzinnige geloof weigerde te belijden en andere ideeën erop na hield ten aanzien van de Tweede Persoon van de Heilige Drieëenheid. Veel historici doorzien de essentie van de toenmalige theologische discussie niet, want anders hadden ze het geen 'onbeduidendheid' genoemd. Men veronderstelt dat de mensen uit een soort willekeur er toen voor 'kozen' het tot een belangrijk agendapunt te maken. Ondergetekende is een andere mening toegedaan. En dit geschilpunt is nog altijd van eminent belang.

Het Platoonse standpunt ziet het menselijk lichaam als het ultieme onderzoeksterrein. Zo krijgt de kwestie van hoe Gods natuur zich in Jezus met het 'vlees' verhoudt een zeker gewicht. Het was niet toevallig dat deze kwestie in het Oost Romeinse rijk opkwam, want hier had Plato geleefd. In Justinianus' tijd was men goed bekend met de klassieke Griekse cultuur, waarvan men een herleving nastreefde. Het was niet slechts een theologisch dispuut dat bij enkele wereldvreemde priesters en monniken leefde – en voor de verandering ook bij de keizer en diens echtgenote. Uit politieke opportuniteit kozen die twee voor tegengestelde kampen om aldus de meningen te peilen. Het ging over een existentiële vraag met verstrekkende gevolgen voor de academia, deze belangrijke centra van de Griekse filosofie. Reeds in 489, wat het oprichtingsjaar van de Nestoriaanse sekte was, besloot Keizer Zeno Isauricus het beroemde academium van de sterk Christelijke stad Edessa te sluiten, een stad die nabij de grens van het Perzische rijk lag. Dit academium gaf blijk van Nestoriaanse neigingen (volgens de leer van twee personen in Christus, een menselijke en een goddelijke), wat totaal onacceptabel was. In het kader van onze discussie is het van belang en ook logisch dat daar het werk werd opgestart om de Griekse klassieken in het Aramees te vertalen. Vervolgens bracht Justinianus in 529, twee jaar na aan de macht te zijn gekomen, een gevoelige slag toe aan de vernieuwers met zijn decreet dat alle academia in zijn keizerrijk moesten worden gesloten die hij, niet onterecht, als centra van ketters denken zag.

2.4 – Het Nestorianisme

Het Platoonse uitgangspunt leert dat alles ontstaat via nabootsing van de hogere sferen. Dit moest wel uitlopen op één natuur: twee naturen in één Persoon zou in dit wijsgerige stelsel niet passen. Voor de Platoonse 'idealist' zou Christus-op-aarde beduiden dat in de christuspersoon de nabootsing – bij wijze van hoge uitzondering – volmaakt zou zijn geworden. Bij de Idealisten richtte de aandacht zich op het soort relatie dat deze perfecte nabootsing toestond, alhoewel hoogst uitzonderlijk. Langs dezelfde denklijn legde Nestorius (†451), die patriarch van Constantinopel was, de nadruk op het onderscheid tussen Christus menselijke en diens goddelijke natuur, terwijl hij wel enige 'conjunctie' of samenvoeging aanvaardde op het vlak van de christusfiguur. Nochtans wees hij de visie af, die enige van zijn volgelingen aanhingen, die een scheiding zag tussen Christus' menselijke en diens goddelijke natuur, die alleen verenigd zouden zijn door een uitzonderlijke eenvormigheid van wederzijdse liefde.

Eutyches († ca 454) was een vooraanstaand monnik uit Constantinopel. Hij leerde dat de eenheid in Christus zodanig was dat er na Christus' menswording maar één natuur (physis) in Hem overbleef, daar de menselijke natuur door de godheid overweldigd was geworden. Eutyches was, zoals dat heet, een 'Monophysiet'. De Monophysieten vormden een talrijke en invloedrijke groepering die in veel gebieden van het Oost Romeinse rijk voorkwamen. Om kort te gaan was het een machtige partij waar serieus rekening mee moest worden gehouden. Pas na het Concilie van Constantinopel in 553 verhardde hun standpunt tot een schismatieke beweging. Minnelijke schikking moest toen volgens de mores plaatsmaken voor strenge onderdrukking.

2.5 – Goendishapoer, het nieuwe centrum van het ketterse denken

De ketters bonden niet in, maar waren verstandig genoeg om niet op hun eigen vernietiging aan te sturen. De oplossing bleek simpel. Vier jaar nadat Justinianus keizer was geworden, dus in het jaar 531, besteeg Khosrau I, ook wel gekend onder de naam Anushiravan (de gezegende), de Sassanidische troon van Perzië. Tot groter roem van zijn rijk en om zijn vijand te pesten, stelde hij de deuren wijd open voor de diverse wijsgeren. De monarch ontbood de vluchtelingen naar Goendishapoer om aldaar de vertaling van hun literatuur in het Aramees voort te zetten alsook het Pahlevi, een Iranese taal. Anushiravan richtte zich eveneens op het oosten en zond de vermaarde geneesheer Borzouyeh naar India om Indiase en Chinese geleerden uit te nodigen naar Goendishapoer te komen (vesting van Shapoer), dat zo'n 400 kilometers ten oosten van Bagdad ligt, op het punt waar de Tigrisdelta en de grote Iranese bergen elkaar ontmoeten. Talrijke gezanten werden uitgezonden om Griekse geleerden uit Alexandrië en wijsgeren uit alle gebieden in Klein Azië uit te nodigen. Goendishapoer zou het oudst gekende academische ziekenhuis in de geschiedenis gaan huisvesten. Het schijnt aannemelijk dat daar geanimeerde discussies plaatsvonden over de beste medische behandeling vanuit een scala van mogelijkheden. Indien deze problemen op empirische wijze werden getoetst door observatie in het ziekenhuis of zorgvuldig testen en vergelijkende methoden – maar dat weten we niet – zou Goendishapoer met de eer strijken van een vroege versie van de wetenschappelijke benadering. Na verloop van tijd voelde een aantal vluchtelingen zich met deze situatie ongelukkig en daarom besloten ze naar hun land van herkomst terug te reizen. Wat hen betrof bleek het zich onderwerpen aan Justinianus' willekeur het beste alternatief, maar desondanks zou nog voldoende aantallen achterblijven om de academie de nodige substantie te geven. Het was Anushiravans ideaal om in Perzië een Griekse academie te bezitten van hetzelfde formaat als de "Grote Academie" van Alexandrië. Bij de oprichting werd ook hetzelfde leerplan gevolgd. De boeken en manuscripten, inclusief de geneeskundige en filosofische werken van Galen, werden bestudeerd en er werd op de wijze van Alexandrië college gegeven. Om vestiging in Perzië aantrekkelijk te maken, implementeerde de vorst het plan voor oprichting van de stad Nieuw Antiochië, op of nabij de plaats van het hedendaagse Bagdad, waartoe de grote groep gevangenen werd gebruikt die hij bij zijn plundering van het Romeinse Antiochië in 540 had weten te overmeesteren. Anushiravans regering duurde lang genoeg om een permanente indruk achter te laten. Hij bleef tot aan zijn dood in 579 op de troon zitten.

(3) Europa opnieuw bezocht
(8^e t/m 13^e eeuw)

Nadat we het oude Griekse denken op zijn weg naar Byzantium hebben gevolgd, waren we getuige van zijn verbanning voorbij de grenzen van het Romeinse Rijk tot in het ver gelegen Perzische hartland. Nu gaan we zien hoe de zaken zich in de stilte van die regio hebben uitgekristalliseerd.

3.1 – De Islamitische razernij woedt over de wereld

Ogenschijnlijk was alles opnieuw rustig, maar reeds in het jaar 579, in de nabijheid van de onmetelijke woestijnen, werd de aanzet tot iets groots gegeven. In dit onbarmhartige milieu woonde binnen een verstedelijkte nederzetting een arme wees van ongeveer tien jaar oud, luisterend naar de naam Mohammed, een voor die tijd ongebruikelijke naam. Hij werd eerst handelsman en later krijgsheer. Zijn oorlogszuchtige onderrichtingen en eenvoudige geloofsbelijdenis, waarin elementen van de Joods-Christelijke en Zoroasteriaanse godsdienst zaten – alhoewel die zich daartegen verzetten, zouden de wereld ingrijpend gaan veranderen. Mohammed stierf in 632, één kind achterlatend, zijn dochter Fatima. Volgens historici was het hem toen gelukt om bijna 1/3e deel van het Arabisch Schiereiland te veroveren. De banier werd door zijn schoonvader Abu Bakr overgenomen die de titel kalief aannam, wat opvolger betekent. Abu Bakr stierf twee jaar later tijdens de Ridda afscheidingsoorlogen, die hoogst meedogenloos werden uitgevochten. Gelijktijdig en aan het begin van zijn regeerperiode begon hij met de verovering van Syrië. Hij voerde oorlog voor bestendiging van de oude toestand en voor de verkondiging van het nieuwe geloof aan grote groepen nomadische bedoeïen, die nog steeds vasthielden aan de voorouderlijke gewoonte van afgodsaanbidding. De bekeringen destijds waren een belangrijke gebeurtenis voor de nieuwe religie, sindsdien Islam geheten, wat overgave of onderwerping betekent.

Mohammed had zijn volgelingen verboden, die zich in de umma verenigd zagen (ecclesia), om tegen hun eigen geloofsgenoten te vechten, maar hij stond wel toe dat ze andere stammen aanvielen mits ze niet-Moslim waren. Door stammenloyaliteit met een religieuze te vervangen heeft Mohammed de oorlogsvoering als strooptocht, de zogenaamde razzia (een Arabisch woord), in Heilige Oorlog (jihad) veranderd. Hij minderde wel de barbaarse elementen van deze vorm van oorlogsvoering door invoering van de vernederende dhimmi status, wat een beperkte beschermde status gaf aan Joden, Christenen en Sabeanen – die echter niet van toepassing was op heidenen. Deze status ging samen met de betaling van een zware belasting, de 'jizya'. Gelijktijdig voegde Mohammed een verschrikkelijk element toe: een man mocht

Bayt al-Hikmah

voortaan zijn broer of zuster doden en een zoon zijn vader, indien de loyaliteit aan Allah dat eiste. Vóór de introductie van de Islam was het sinds mensenheugenis strikt verboden naaste familie en stambroeders te doden. Dat werd nu door een nieuwe en angstwekkende loyaliteit vervangen.

Bij de bekering van de Bedoeïen werd hun woeste oorlogstraditie uitgebuit. Het was daarom logisch dat bekering voornamelijk met de punt van het zwaard geschiedde. Naarmate de verstedelijkte

Arabieren door middel van hun handelsactiviteit in contact kwamen met de grote culturen uit hun tijd, werden ze milder gestemd en vatten ze 'onderwerping aan het geloof' ook op als een persoonlijk engagement. De anderen, echter, gaven er een tegengestelde betekenis aan en zagen het als hun plicht degenen die in de dar-al-harb leefden, zijnde het land-van-conflict-en-strijd, tot 'onderwerping' aan de nieuwe religie te dwingen, zodat zij voortaan zouden kunnen leven in de dar-al-Islam, het land-van-de-Islam. De ongelovigen, de zogenaamde kafiers, zijn zij tegen wie de Islamieten, zowel burger als soldaat, de morele plicht hadden hard op te treden. Op zijn minst moest de gewone burger deze strijd moreel steunen indien kafiers aan een voorafgaande oproep tot bekering geen gehoor hadden gegeven. Zij moesten dan te vuur en te zwaard worden onderworpen en hun rijkdom wettigde de buit. In de ogen van de Islamieten was wrede onderdrukking het uitgelezen middel van overredingskracht. Ze reageerden op de wijze van een kind wiens taal op slaag neerkomt. Wezenlijk vestigt de Islam zijn aandacht meer op gepast gedrag dan op onvervalste geloofszaken en overtuigingskracht. Meestal kijkt een Moslim verbaasd als je vraagt "Waarom geloof je?" Zijn beste antwoord: "Omdat Allah het mij gebiedt". Het is deze typische combinatie in de verkondiging van primitieve geloofspunten die zowel bij de verstedelijkte als rondtrekkende nomaden past. Nog steeds vormt dit de kern van hun missionaire arbeid. Bovendien geloofden de stormlopende Moren dat sneuvelen in dienst van de verspreiding van de Islam een roemrijk entree in de hemel waarborgde, waar zwoele maagden hen opwachten.

In de machtsstrijd, die zich na de dood van Abu Bakr ontketende, poogde Fatimas echtgenoot Ali ibn Abi-Talib het leiderschap over te nemen. Omar ibn Abdal-Khattab zegevierde, hij die er prat op ging de geadopteerde zoon van de profeet Mohammed te zijn. Tegen het einde van de heerschappij van de tweede "rechtgeleide" kalief, die slechts tien jaar duurde (634-44), waren geheel Arabië, gedeelten van het Sassanidische rijk en de Syrische en

Egyptische provincies van Byzantium veroverd. Het zou niet lang meer duren voordat de Mohammedanen tot in de buitenste gewesten van Perzië waren doorgedrongen. De explosieve groei van het kalifaat viel samen met de chaos van de Sassaniden en de zwakheid van de Byzantijnen; deze veroveringen kwamen zonder veel moeite tot stand en vonden hun voltooiing in het jaar 650. Zes jaar later werd de derde kalief vermoord. Ali installeerde zich als de vierde, maar dat werd door een lid van de Omar-clan betwist. De breuk tussen de strijdende partijen van Omar en Ali werd tijdens de veldslag van Siffin in 657 definitief beslist. Ali zelf werd een viertal jaren nadien vermoord. Uit de woestijnen voortrazend op Arabische volbloedpaarden, die tot geduchte oorlogstuigen waren gefokt, arriveerden de Omajaden (Omar-jaden). Hun dynastie zou zich van Spanje tot aan de Indus uitstrekken en van de Aralzee tot aan het verste zuidpunt van Arabië. Ali's beweging bleef bestaan en het bestaat nog steeds onder de naam Sji'isme (Shiat betekent splitsing) ter onderscheiding van het Sunnisme dat thans bijna 90% van alle Moslims omvat. Het conflict is blijven voortbestaan. De Sji'ieten hebben veel bloedige en wrede opstanden ontketend, die de eeuwen door grote gebieden van de Islamitische wereld hebben geteisterd.

3.2 – De Islamitische cultuur is op oudere bronnen gestoeld

De Omajaden hebben veel ontleend aan de Perzische en Byzantijnse administratieve stelsels. In Perzië werd Arabisch de voertaal van de elite. De Islam zou het Zoroasterianisme vervangen, een religie die een zekere Zarathustra lang geleden had gesticht, in het tijdperk van de Bijbelse Gideon. De overlevering verhaalt dat hij zijn leringen vanuit een grot in de buurt van Goendishapoer gaf. Hier in diezelfde stad, werd Mani, van Joods-Christelijke afkomst, gemarteld en levend gevild als straf voor zijn onorthodoxe leringen. Het eerste hoofd van de academie van Goendishapoer was een type die zichzelf Joshua Ben Jesu noemde. Dat klinkt erg Christelijk en mogelijk noemde hij zichzelf een Nestoriaans Christen. Maar of zijn onderwijzingen wel zo

Christelijk waren kan men vraagtekens bij zetten. De Ben Jesu familie behield de heerschappij over de academie totdat de Omajaden een slachting onder hen aanrichtten. Dit verklaart wellicht waarom zo weinig omtrent hun filosofische ideeën bekend is. Zoals de latere ontwikkelingen lijken aan te geven, lieten de Omajaadse krijgers de oudere Griekse filosofie onaangetast evenals de Indiase wiskunde en alle wetenschap die de medische praktijk aanging. Vanaf toen begon de vertaling van deze werken vanuit het Aramees en Pahlevi naar het Arabisch, zij het nog zeer gebrekkig en mondjesmaat. Door een gelukkig toeval moeten deze werken door de veroveraars zijn gespaard, misschien op grond van de nuttigheid van het hospitaal waar ze werden bewaard. In feite hadden de Islamieten weinig waardering voor intellectuele prestaties waar zij niet vertrouwd mee waren, want bij de val van Alexandrië in 642 moesten alle nog resterende werken van de bibliotheek aldaar aan het vuur worden prijsgegeven (veel werken waren in de voorgaande generaties reeds naar elders verplaatst of waren door oorlogen vernietigd). De geheiligde formule was: "Ofwel herhalen deze boeken wat in de Koran staat en in dat geval zijn ze nutteloos, ofwel doen ze dat niet, en in dat geval moeten ze worden vernietigd."

Na een bewind van bijna honderd jaar werden de Omajaden verdreven door kalief Abbu-L-Abbas-al-Saffah (749-54), die de eerste papierfabriek in de moslimwereld liet bouwen. Dit zou van belang blijken voor de ontwikkeling van de wetenschappen. De tweede Abbasiden kalief, Al-Mansur (754-75), stichtte Bagdad dat toen de hoofdstad werd. De Kalief riep de hulp in van de hoofdgeneesheer van het nabij gelegen Goendishapoer-hospitaal, gekend onder de naam Jirjis Bukhtyishu (Jezus de Verlosser), ter behandeling van zijn niet zo ernstige maagkwaal. De succesvolle behandeling vormde het begin van een samenwerking met de geleerden van Goendishapoer, wat gunstig uitwerkte voor een uitwisseling van ideeën met de Perzische en Griekse culturen.

Toen de Abbasiden in 750 de Omajaden hadden verjaagd, scheurde de Islamitische wereld in een aantal staten uiteen. Politieke eenheid gaf toen plaats voor een culturele eenheid die de eenwording van taal insloot. Alhoewel nog geen courante omgangstaal zou het Arabisch de voornaamste taal worden voor zowel religie als overheid. In later tijden kwamen zelfs de Spaanse Joden ertoe om onderling Arabisch voor filosofie, wetenschap en dichtkunst te gebruiken. Het Islamitische denken gaat uit van het beginsel van de Ene God, wat in hun ogen ook de eenheid van taal omvat. Daarom moest volgens hen het Arabisch, Mohammeds openbaringstaal, zich in de geesten van de mensen verspreiden, gelijke tred houdend met de verdere verspreiding van de Islam. Dat zelfs hoogopgeleide Arabieren de Koran niet in zijn oorspronkelijke taal kunnen lezen zonder gebruik te maken van woordenboeken en woordafleidingscommentaren, is in hun ogen bezijden de zaak.

3.3 – De Islam bevordert de "falsafa"

Onder de regering van Al Ma'mun de Grote (813-33), de zevende Abbasiden kalief, werd een kortstondige maar reële belangstelling getoond in niet-Islamitische kennis, waarna dit soort kennis opnieuw met wantrouwen werd bejegend. Onder Al-Ma'muns leiding namen de vertalingen vanuit het Aramees en het Pahlevi naar het Arabisch toe. Gelijktijdig bleven vertalingen van Griekse werken naar de Aramese taal gewoon doorgaan. Een vertaler, die bijzonder in het oog springt, is de Nestoriaanse Christen Hunayn ibn Ishaq (809-873), beter gekend als Joannitus, ook de vorst der vertalers genoemd, wiens zoon zijn werk voortzette. Het is meer dan waarschijnlijk dat Al-Ma'muns eerste belangstelling niet naar de Griekse speculatieve werken ging, noch de Indiase of Griekse wiskunde voor wat het abstracte denken betreft. Hij zag wel het nut in van astrologie voor de bepaling van de juiste bouwrichting van een moskee (het gebed dient richting Mekka te zijn). Aldus werd wiskunde een belangrijke afdeling voor de Islam.

Al-Ma'muns moeder was Perzisch. Hij verhuisde de hoofdstad eerst naar Merv in Perzië om daarna weer naar Bagdad te gaan, dus terug naar het westen. Door zijn Perzische achtergrond is aannemelijk dat Al-Ma'mun ook geïnteresseerd was in de Griekse speculatieve wetenschappen, maar dan toch op een veel lager niveau dan de "ilm", een concept dat het lichaam van de Islamitische kennis als een afspiegeling ziet van "God is Eén". Ilm betekent dat iedere kennis, die niet uit de Islamitische leer voortkomt, als kafr moet worden beschouwd, als *"datgene wat de waarheid bedekt"*, wat in hun ogen ernstige aantijging is.

Al-Ma'mun is de enige kalief uit de geschiedenis die tot op zekere hoogte in wetenschappen was geïnteresseerd, zoals men dat vroeger hier in het Westen verstond (geneeskunde, filosofie en wiskunde). Dat heet in het Arabisch "falsafa", een term die is afgeleid van het Griekse philosophia. Hij voltooide in Bagdad de bouw van de Bayt-al-Hikma of het "Huis van Goddelijke Wijsheid", een project dat waarschijnlijk al onder zijn vader was begonnen. Er werden een bibliotheek en een sterrenwacht aan toegevoegd. Dit trok een aantal geleerden aan uit Goendishapoer en het Perzische centrum Nisibe (Nisibes belang is onzeker). Door staatsfinanciën ondersteund werd dit instituut een belangrijk centrum voor de ontwikkeling van het Islamitisch denken.

Omdat de vertalingen van de Griekse werken in het Arabisch op een tijdstip aanvingen dat de Islam zich nog steeds bezighield met het vastleggen van zijn eigen leer en in een stadium dat het Arabisch nog geen gemeengoed was geworden, zou het vreemd zijn geweest indien er niet een of andere gedachtenuitwisseling had plaatsgevonden tussen de onderworpen cultuur en hun Islamitische overheersers. De geneeskundige praktijk bood gelegenheid om vriendschappelijke banden aan te knopen. Het is echter sterk overdreven het Huis een *"zinderende ontmoetingsplaats"* te noemen en *"een belangrijk intellectueel centrum van de Islamitisch Gouden Eeuw waaraan het Westen zoveel te danken heeft"*.

Islamitisch Gouden Eeuw klinkt aardig, maar wat betekent het? Het Huis is wel *"dit uitmuntende onderzoeks- en opleidingsinstituut"* genoemd en *"het onbetwiste studiecentrum"*. Deze terminologie past bij onze tegenwoordige instituten, maar slaat nergens op voor een instituut uit de negende eeuw, of het nu het Vaticaan was of de Bayt al-Hikma. Sylvain Gougguenheim is van mening dat het belang dat gewoonlijk aan het Huis van Wijsheid wordt toegekend sterk overdreven is, alhoewel hij toegeeft dat de condities in Bagdad gunstig waren voor intellectuele ontplooiing. Het Huis sloot zich hierbij aan.

Seyyed Hossein Nasr, die als een autoriteit geldt op zijn terrein, geeft een interessant motief voor de betrokkenheid van de Islamitische gemeenschap in wetenschappen:

> «« De grote belangstelling (van de vroeg Islamitische gemeenschap) in pre-Islamitische wetenschappen, die traditioneel de awa'il wetenschappen worden genoemd – dat zijn de wetenschappen die 'in het begin' bestonden vóór de opkomst van de Islam – verdient onze aandacht. Ze gingen deel uitmaken van de staatszaken op een wijze die niet uitsluitend kan worden verklaard vanuit de persoonlijke belangstelling van een individuele heerser, zoals Kalief Harun al-Rahsid of zijn opvolger al-Ma'mun, hoe belangrijk hun betrokkenheid ook moge zijn geweest. De werkelijke reden voor de plotselinge belangstelling van de kant van de Islamitische gemeenschap in het begin van de negende eeuw in niet-Islamitische wetenschappen, in het bijzonder de Griekse filosofie en wetenschap, in tegenstelling tot de op zijn best sporadische belangstelling uit die vorige eeuw, dient te worden gezocht in de nieuwe uitdaging waarvoor de Islamitische gemeenschap werd gesteld. Deze uitdaging kwam van de theologen en filosofen van de religieuze minderheden in de Islamitische wereld, in het bijzonder van Christenen en Joden. (Nota bene: een sociologische minderheid is niet noodzakelijk een numerieke

minderheid; de Christenen en Joden vormden toen een meerderheid.) In de discussies die in steden zoals Damascus en Bagdad tussen Christenen, Joden en Moslims werden gevoerd, was de laatste groep vaak aan de verliezende hand, want ze waren niet in staat de beginselen van hun geloof op grond van logische argumenten te verdedigen zoals andere religieuze groeperingen dat deden, en ze konden ook niet terugvallen op een logische bewijsvoering om de waarheid van de Islamitische leerstellingen aan te tonen. De bereidheid van het kalifaat om de Griekse wetenschappen in het Arabisch beschikbaar te stellen, komt waarschijnlijk uit deze uitdaging voort, wat op zijn beurt de rol kan hebben beïnvloed van het religieuze recht in de Islamitische samenleving, waar de autoriteit van het kalifaat van afhing. Dat de eerste Abbasidische kaliefs de aandacht van de (Koranieke) geleerden op de bestudering van de Griekse filosofie en wetenschap richtte, kwam dus uit het streven voort de belangen van de moslimgemeenschap veilig te stellen. »»

3.4 – Het sluiten van de Ijtijad poort

Toen in het Nabije Oosten contacten werden gelegd tussen de Islam en het Christendom, had dat tot gevolg dat veel van haar waarheden onder vuur kwamen te liggen. De Islam was nog niet volgroeid. In zijn ontmoeting met het Christen- en Jodendom werd zij gedwongen zich nader te definiëren. Daarvoor ging zij te rade bij de Griekse argumentatiemethode. Dominique Urvoy, een bekende specialist op het terrein van de Islam, onderstreept dat deze religie inderdaad de Griekse redeneertrant heeft overgenomen, maar slechts ten dele. In plaats van het syllogisme, bestaande uit drie termen, verkiest zij een predikaat aan een onderwerp te verbinden volgens het oude principe van twee termen waarvan de eerste via een 'oorzaak' naar de tweede voert. Sylvain Gouguenheim zegt duidelijk dat, in tegenstelling tot wat zich tijdens de middeleeuwen in Europa afspeelde, de Islam slechts van de Grieken heeft overgenomen wat zij nuttig achtte. **Maar zij bekommerde zich niet om de geest.** Noch hun literatuur, noch hun tragedie of filosofie, is in de Islamitische cultuur geïntegreerd. Indien de Griekse, dus Westerse logica een plaats heeft verworven, is dat onder zeer beperkende voorwaarden, zoals Hunt Janin en André Kahlmeyers in hun boek over het Islamitische recht aantonen, waarvan hier slechts een korte schets:

> «« Neem bijvoorbeeld twee hypothetische gevallen die in de "al-Minhaj" worden beschreven, een middeleeuwse handleiding ten behoeve van het Islamitische recht, door de Syrische geleerde Muhyi al-Din al-Nawawi op schrift gesteld, die in 1277 is overleden. Dit werk genoot ruime toepassing als handleiding voor leerlingen en het diende als referentiemateriaal voor geleerden en rechters. We lezen daarin: Indien een man één van zijn vrouwen bij zich roept en haar zegt: "Jij bent verworpen." [wat betekent 'Ik ga van je scheiden'], in de veronderstelling dat hij tot de vrouw spreekt die hij riep, is het de vrouw die vervolgens antwoordt, die wordt verworpen...
>
> Als een vrouw een dadel in haar mond heeft en haar man verwerpt haar onder voorwaarde dat zij die inslikt, maar verandert van gedachte en laat het afhangen van het feit dat zij die uitspuugt, en verandert daarna opnieuw en laat de verwerping afhangen van het feit dat ze de dadel in de palm van haar hand neemt; indien echter de vrouw, die deze woorden hoort, de helft van de dadel vervolgens snel wegslikt en de andere helft uitspuugt, zal de voorwaarde als onvervuld dienen te worden beschouwd. »»

In feite, zoals Janin en Kahlmeyer in de inleiding van hun boek bespreken, bestaan er weinig algemene concepten voor de theocratische Sharia, wat de Islamitische wetsorde is, in feite een strafwetssysteem. Alhoewel weinig omkaderd, beheerst het alle levensfacetten tot in het kleinste detail. (Helaas grijpen de wetten in onze democratische samenlevingen steeds meer in op het

leven van de gewone man, steeds repressiever en onsamen-
hangender naar de grillen en grollen van een gemanipuleerde
algemene opinie; als zodanig lijken ze op de Sharia.) De schrijvers zeggen:

«« De klassieke (Islamitische) wetsboeken bevatten geen
afzonderlijke hoofdstukken die concepten bespreken of
algemene regels. (...) Zoals de hedendaagse geleerde Knut
S. Vikør uitlegt: *"De Sharia kan het best worden gezien als
een gezamenlijke opinie van de gemeenschap (umma), die
weliswaar op een uitgebreide literatuur berust, maar deze
is niet noodzakelijkerwijs coherent of wordt door een enkel
lichaam bekrachtigd."* Dit kan het voor buitenstaanders
knap lastig maken om exact aan te geven wat de Sharia nu
werkelijk is. Vrome Moslims geloven dat een groot deel van
de Sharia buiten bereik ligt van wat ter discussie mag worden
gesteld. »»

In het beginstadium van de Islam, toen het nog tot een groot
lichaam en cultureel systeem moest uitgroeien, concentreerden
de gesprekken zich op de ware aard van de Koran. Mohammeds
eerste volgelingen beweerden dat de Koran aan de schepping
vooraf was gegaan, maar ze geloofden niet dat het eeuwig en
ongeschapen was; in plaats daarvan zagen ze het als het eerste
wat God schiep. Dit geloof is zeer waarschijnlijk gerelateerd aan
de Joodse legende dat eerst de Torah (in de Joodse traditie ook
wel de 'Hokma' genoemd, met dezelfde betekenis als het Arabische hikma) werd geschapen: *"In het begin, tweeduizend jaar
voordat hemel en aarde bestonden, werden er zeven dingen
geschapen: de Torah werd met zwart vuur op wit vuur geschreven, liggend op Gods schoot. (...) Toen God besloot de wereld te
scheppen, raadpleegde Hij eerst de Torah."*

Al-Ma'mun had een elitegroep van geleerden en denkers voor
ogen, die onder zijn aanvoering de Islamitische leer en de fatwas

(sharia-uitspraken) zouden gaan vaststellen. Hij startte een 'onderzoek' dat als de Mihna bekendstaat. Tijdens deze enquête werden personen gevraagd hoe zij over de Koran dachten, of het al of niet geschapen was. Alle partijen waren het erover eens dat de Koran Gods woord is. De kwestie was echter of de Koran Gods geschapen Woord is – al-Ma' muns idee – of het onge- schapen Woord. Dit houdt verband met de Christelijke opvatting over de Heilige Drievuldigheid, waarin de Vader de eigenschap van onontvangenheid heeft en de Zoon van eeuwige ontvangen- heid. Represailles volgden tegen hen die de leer van de gescha- penheid van de Koran afwezen, wat ontslag uit overheidsdienst inhield, gevangenzetting, tot geseling aan toe. De Mihna werd na een strijd van ongeveer vijftien jaar door al-Matawakkil, de kalief toen en neef van al-Ma'mun, beëindigd. Hij was van mening dat de Koran ongeschapen is. Beweren dat de Koran geschapen was, alhoewel vóór de schepping van de wereld, zou een geste naar het Joden- en Christendom toe zijn geweest... Hij verbood iedere verdere discussie over de aard van de Koran. Dit vormde een eerste belangrijke stap naar het *"sluiten van de poort van Ijti- had"*. Ijtihad is het proces van vrije religieuze interpretatie binnen de Islam, iets dat nauw verband houdt met het wettelijk domein. Dat had tevens een verstikkende invloed op de ontwikkeling van het wetenschappelijk denken!

In de navolgende eeuwen waren er nog een aantal uitzonde- ringen op het 'verplichte' denken, maar die waren tot de indivi- duele sfeer beperkt, een aspect dat niet genoeg kan worden benadrukt. Een opvallende uitzondering was de Perzische Al- Farabi (ca 872-951) die onder een Nestoriaans priester in Bag- dad had gestudeerd. Hij opende de weg voor het werk van Ibn Sina, ook wel gekend als Avicenna (891-1037). Al-Farabis ideeën over de functie van het logisch denken in geloofszaken zouden, indien wij niet beter wisten, rechtstreeks aan Thomas van Aquino kunnen zijn ontleend, maar die leefde in de 13e eeuw. Hij had een aantal volgelingen, maar om het een school te noemen is over- dreven. Hoe dan ook, zijn ideeën zijn niet opgenomen in de Islamitische manier van denken. Daarin wordt steeds weer benadrukt dat de logische rede in een slaafse onderworpenheid aan het geloof moet staan en nooit een middel mag zijn om geloofszaken uit te diepen, maar uitsluitend mag dienen ter verdediging van de orthodoxe leer om aldus iedere vorm van 'innovatie', de bid'a, in de kiem te smoren.

De uiteindelijk fossilisatie van het Islamitisch denken wordt in het algemeen bij de grote denker en jurist Al-Ghazzali (1058-1111) geplaatst, wat is gebaseerd op de conclusies die hij tegen het eind van zijn leven maakte. Naderhand werden de falsafa (de filosofieën) praktisch verboden, met gevolg dat voor altijd de kans was verspeeld om de Islam te revitaliseren of haar interpretaties vredelievender te maken. Mensen die thans volhouden dat de Islam van binnenuit kan worden hervormd, praten nonsens. De Turkse journalist Nuredin Sirin kan daarover meepraten, want in 1998 kreeg hij twintig maand gevangenis omdat hij had geschreven: *"We moeten de onderdrukten bijstaan, zelfs als ze atheïst zijn."* En dat terwijl Turkije toen een gematigd land heette te zijn!

3.5 – Het begin van het wiskundig denken binnen de Islam

Wiskunde is nooit gezien als een inbreuk op het karakter van de Islam en werd daarom gezien als een geoorloofde tak van wetenschapsbeoefening. Een opvallend lidmaat van het "Huis van Goddelijke Wijsheid" onder Ma'mun de Grote was Mohammed Ibn Musa Al-Khwarizmi (†835). De geschiedenis van de wiskunde binnen de Islam begint, om precies te zijn, bij hem. In zijn geschriften werden de Griekse en Indische wiskundige tradities met elkaar verenigd. Hij was degeen die de Hindoe rekenmethode ook voor buitenstaanders toegankelijk heeft gemaakt, en hij voerde de nul in als rekeneenheid. De term algoritme is naar de titel van de Latijnse vertaling van Al-Khwarizmis bekendste boek: "Liber Algorismi". En de term algebra stamt af van de twee eerste woorden in de titel van dat boek in het Arabisch. De Griekse wiskundigen hielden zich vooral bezig met abstracte bespiegelingen zonder zich op toepassingen te concentreren. Het is vooral dankzij de Arabieren dat wiskunde via toepassing in de astrologie een uitvoerende wetenschap werd, waarmede het zich aan het Griekse milieu heeft weten te onttrekken.

Ondanks zijn vroege toepassing door de Islam moesten we tot 1202 wachten, toen Fibonacci da Pisa zijn "Liber Abaci" (het boek van de abacus) publiceerde, voordat het Hindoe rekensysteem (inclusief de nul) hier in het Westen werd gepopulariseerd. Fibonacci had zijn wiskunde van de Moslims geleerd. In zijn boek introduceerde hij de Arabische cijfers die de Moslims grotendeels van India hadden afgekeken. De nul was de grootste innovatie van het boek. De Franse wiskundige Markies de Laplace (1749-1827) noemde het cijfer nul *"een diepzinnig en belangrijk concept dat tegenwoordig zo simpel lijkt dat we zijn echte waarde over het hoofd zien. Maar door zijn grote eenvoud en gebruiksgemak voor alle mogelijke berekeningen bracht het onze (Westerse) wiskunde bovenaan de lijst van nuttige uitvindingen."* Liber Abaci propageerde het plaatswaardesysteem en gaf voorbeelden van raamwerkvermenigvuldiging en Egyptische breuken en gaf toepassingen voor ondermeer boekhouding, de omrekening van maten en gewichten, renteberekeningen en geldomwisseling. Omdat het omslachtige telraam (de abacus) niet meer nodig was, waren de geldschieters en kooplieden enthousiast. Het boek vond over het gehele continent een gretig onthaal en had middels zijn toepassingen een sterke invloed op de brede maatschappelijke ontwikkelingen en de wetenschappen.

(4) Het Griekse denken via de Perzische brug
naar de moslimwereld
(6ᵉ t/m 10ᵉ eeuw)

Nadat het 'Griekse denken' door Keizer Justinianus uit Europa was verbannen, werd Europa via de brug van de Islamitische wetenschap opnieuw bezocht. Het was niettemin de Europese inbreng die erin slaagde om het Griekse denken tot een waarlijk Christelijke visie te kneden.

4.1 – Gerbert van Reims, de Stupor Mundi of 'ontzetting van de wereld'

Het gebeurde niet lang na de instelling van het Huis van Wijsheid – we bevinden ons nog in de tweede helft van de 8ᵉ eeuw – dat de Perzen erin slaagden om alle bestuurstakken in handen te krijgen. Hun onbetwiste leiderschap in kalifaatszaken bespoedigde de verspreiding doorheen de Arabische wereld van de Perzische geneeskunde en astrologie en hun evenknie wiskunde en astronomie. Spanje, dat het Abbasiden kalifaat nooit heeft willen erkennen, wist daar ook profijt uit te trekken. Tot aan de 13e eeuw had een groot aantal vermaarde moslimgeleerden, van wie sommigen zich in Spanje vestigden, hun basisopleiding in Bagdad genoten, een wereldstad die in grootte slechts door Constantinopel werd overtroffen. Bagdad had geen universiteit in de Westerse betekenis van het woord, maar eerder een Islamitische theologische faculteit. De Moslims waren alleen in Griekse en Perzische wetenschappen geïnteresseerd in zoverre die van nut waren voor een beter begrip van hun religieuze werken, astrologie, en de astronomie welke ondermeer diende om hun godsdienstige lunaire kalender vast te stellen. Tezelfdertijd verspreidden zich steeds meer werken in het Islamitische rijk die aan Arabisch Christelijke geleerden te danken waren, en dat verklaart waarom Spanje nadien als scharnierpunt voor het Westen kon fungeren. In eerste instantie denken we dan aan Toledo nadat het weerom een christenstad was geworden, hetgeen geschiedde na de herovering in 1085 van het 'Taifa-koninkrijk van Toledo'.

Het was tijdens zijn driejarig verblijf in Sevilla en Cordoba, twee Moorse steden in Spanje, dat Gerbert van Reims (ca 945-1003) bekend raakte met een aantal werken op wiskundig en astronomisch gebied dankzij de instructie van Christelijke leraren die als Arabier gekleed gingen en ook zo praatten. Hij leerde theorie en praktijk. Gerbert wordt ook wel 'van Aurillac' genoemd naar de plaats waar hij zijn priesterwijding kreeg. Vermoedelijk nam hij een aantal werken mee uit Spanje die handelden over de Griekse filosofie. Hij was immers een boekverzamelaar. Na terugkomst maakte hij met zijn eruditie indruk op paus Johannes XIII. Gerbert wordt wel de grootste geest genoemd, de belangrijkste leraar en de ijverigste onderzoeker van zijn tijd. Zijn onderwijzingen omvatten de hele reeks van de zeven liberale kunsten: de logica en retorica, en bovendien wiskunde en astronomie. Hij verbaasde zijn tijdgenoten door het gebruik van astronomische instrumenten zoals het astrolabium die, alhoewel eenvoudig van opbouw, bijna goddelijk toeschenen. Gerberts voornaamste wetenschappelijke werken zijn: "De numerorum divisione" en "Regula de abaco computi", waarin hij een beperkte vorm van het Indische of decimale rekenstelsel invoerde, een materie die tegenwoordig leerstof is op de lagere school.

Gerbert werd in het jaar 972 aangesteld om de leiding van de kathedraalschool in Reims op zich te nemen, wat hij met opmerkelijk succes deed. Bovendien verbleef hij twee jaar in Bobbio in Italië, waar hij cursussen gaf in wis- en sterrenkunde en de op Latijnse bronnen gestoelde Aristotelische logica. De leerlingen van deze scholen verspreidden zich over heel Europa; Sint Fulbert van Chartres zou zijn bekendste leerling worden. Dit is hoe het allemaal begon en hoe Gerbert meehielp de Griekse wetenschappen in het Westen te introduceren. Ondanks zijn menigvuldige taken vond deze man, die later paus werd, nog gelegenheid verscheidene wetenschappelijke werken samen te stellen. In deze geschriften toonde hij zich meer een leerling van Boëthius dan een voortzetter van de Arabieren. Het mag betekenisvol worden geacht dat de keizer van het Heilige Roomse Rijk, Otto III, er voor zorgde dat Boëthius' stoffelijk overschot een eervoller begraafplaats kreeg en dat hij de inscriptie op diens nieuwe graftombe door zijn vroegere privéleraar liet opstellen, dus door Gerbert zelf.

4.2 – Boëthius, leermeester van het Westen

Tot aan het begin van de twaalfde eeuw werd op het Europese continent alle intellectuele energie op een herleving van het Latijns erfgoed gericht: de Romeinse wet, de klassieken van de Latijnse dichtkunst, de filosofie en theologie, die op Boëthius en de Latijnse kerkvaders stoelden. Tot dan toe ging weinig rechtstreeks op de Grieken terug. Boëthius (ca 480-524) was tijdens de gehele middeleeuwen een factor van belang. Hij werd op zowat hetzelfde tijdstip als Justinianus geboren en leefde in een tijd dat de Griekse klassieken nog ruim voorhanden waren in het Westen. Hij was een filosoof en staatsman, geboren uit een Romeinse patriciërsfamilie. Hij studeerde in Athene, waar hij de kennis opdeed die hem in staat stelde vertalingen te maken van ondermeer Plato, Aristoteles en Porphyrius, vertalingen waar hij zijn eigen commentaar aan toevoegde. Wat van zijn geschriften is overgebleven noemt men de "Logica vetus". Die waren in het Europa van de middeleeuwen de standaardwerken inzake logica.

Een politieke samenzwering maakte een eind aan zijn leven. Terwijl hij in de gevangenis verbleef, schreef hij "De Consolatione Philosophiæ" (Over de vertroosting der wijsbegeerte) dat tijdens het volgend millennium waarschijnlijk het na de Bijbel meest gelezen boek werd. Het kreeg zoveel waardering dat de eerste vertaling in het Engels door een Engelse koning werd gemaakt. Zoals Boëthius schreef:

«« Er bestaat een vrijheid (…) want geen redelijk denkend mens zou zonder kunnen bestaan. Al wat van nature over een redelijk denkend vermogen beschikt, heeft de macht om tot een kritische beoordeling van elk probleem te komen. Mensenzielen zijn noodzakelijkerwijze meer vrij als ze volharden in de godsdienstige beschouwing van Gods denken. (En elders:) De mens kan op verschillende manieren waarnemen: langs wegen van zintuiglijke waarneming, het voorstellingsvermogen, de rede en het verstand. (…) Maar er bestaat ook het meer verheven verstandsoog, dat voorbij het domein van al het geschapene uitstijgt om de blote vorm met de zuivere geestesvisie waar te nemen. »» (Deel V p. 4, 15)

Hij wordt de laatste van de Romeinen en de leermeester van het Westen genoemd. De traditie begon hem al heel vroeg voor te stellen als een martelaar voor het Christelijk geloof. Zijn theologische werken zijn "De Trinitate" en twee korte "Opuscula" (verhandelingen) die aan Johannes de Diaken zijn gericht, die nadien Paus Johannes I werd. Wie in later tijden wilde ontkennen dat Boëthius een waar Christen was, zag zich genoodzaakt de Opuscula als onecht af te wijzen. Met de publicatie van de zogenaamde "Anecdoton Holderi" in 1877 werd het geschilpunt uit de wereld geholpen en mocht men hem daarna onbelemmerd als een groot Christelijk denker zien.

4.3 – De Islamitische opvatting van wetenschap

Het Westen accepteerde de uitdaging die Gerbert van Reims had gegeven en zette zich in voor de verdere ontwikkeling van de wetenschappen, terwijl men in de moslimwereld pas op de plaats maakte. Men kan zich afvragen waarom de latere ontwikkelingen in de wetenschap het exclusieve domein van de Christelijke beschaving zijn geworden nadat een aanzet tot het wetenschappelijk denken vanuit de moslimwereld was gekomen. Daar hebben we al redenen voor aangegeven. Dit houdt zeker verband met het kenmerkende Islamitische scheppingsbegrip, waarbij men eerder oog heeft voor de Ene grote realiteit, waarbij het goddelijk principe zich op kosmisch niveau in de vorm van symbolen uit. Daarmee wordt het fundamentele Islamitisch idee vertolkt dat de wereld, zoals wij die ervaren, met een sluier is bedekt, wat inhoudt dat de symbolische vertegenwoordiging, realiteit genoemd, de werkelijke waarheid verbergt. In het Islamitisch gedachtegoed is de waarheid als immer ongrijpbaar. Dit kan in zijn diepste betekenis kloppen, maar onze wereld is buitengewoon consistent (voorspelbaar), wat de mogelijk biedt die wereld te onderzoeken en haar steeds beter te leren kennen. Tegenstrijdigheden of inconsistenties zijn vanuit Westers standpunt geconcipieerde inconsistenties – geen werkelijke – wat betekent dat het betreffende object extra aandacht verdient in de verwachting dat door een toegenomen inzicht de waargenomen tegenstrijdigheden zullen verdwijnen: want deze bevinden zich niet in de natuur maar in de geest. Dit is echter niet het Islamitische standpunt: tegenstrijdigheden zien ze als deel van het leven, waarbij ze geneigd zijn tegenstrijdigheden op hetzelfde vlak te zien als tegenstellingen, wat een denkfout is. (De windkracht van een propellor kan tegengesteld zijn aan de zwaartekracht, maar vormt daarom nog geen tegenstrijdigheid.) De Moslim is geneigd ze als een integraal deel te zien van dezelfde onderliggende realiteit en hij voelt zich niet geroepen die op te lossen. Er zijn moslimgeleerden die in het Westen een opleiding hebben genoten en hun vak verstaan. Toch plaats hun godsdienstige denkwijze ze in een nadelige positie voor het werkelijk innovatieve onderzoek. Helaas moet worden vastgesteld dat de Islamitische gezagdragers - en dat is nog steeds zo - een verstikkende invloed hebben gehad op iedere poging tot verandering en vooruitgang, met name in Spanje, dat destijds een scharnierpunt was tussen de twee wereldculturen.

4.4 – Een heilige adem doordrong de menselijke instituten

De verdere uitbouw van de moslimwetenschap hier in het Westen volgde in eerste instantie de grote lijnen van de Christelijke traditie, zoals toegelicht met voorbeeldfiguren als Boëthius en niet te vergeten Jacob van Venetië die in de twaalfde eeuw zeer veel vertalingen van Aristoteles heeft verwezenlijkt, reeds een generatie voordat dit soort arbeid in Toledo een aanvang nam (van Grieks naar Latijn). De vertalingen van Jacob van Venetië werden overal in Europa gretig onthaald. Dat men zich vooral op de Europese dus Christelijke traditie van de overlevering van de oude Griekse beschaving richtte, is niet vreemd omdat een diep wantrouwen heerste tegenover de trouwelozen, zoals men de Moren placht te noemen. Men kon ook ruim putten uit de meegebrachte kennis van de migranten die uit de door de Moren overheerste gebieden naar het Christelijk Europa waren getrokken.

Er is in Europa sprake van een ondoorbroken lijn van het doorgeven van de oude Griekse beschaving, alhoewel met recht kan worden gesteld dat zonder het kloosterwezen de zaken er heel anders hadden voorgestaan. Een belangrijke overweging is dat het Europa van de middeleeuwen door en door Christelijk was geworden. Het Europese vasteland werd letterlijk met kloosters overdekt, de ware verdedigers van onze cultuur, in een beweging die kan worden teruggevoerd tot het jaar 909, het stichtingsjaar van de Cluny abdij in Bourgondië. In de twaalfde eeuw spreidde deze beweging zich waaiervormig uit via belangrijke godsdienstige hervormingen, die werden opgestart in een gebiedje op ongeveer 100 kilometers ten noordoosten van Parijs. Denk maar aan de steden Laon, Arrouaise en Prémontré. We mogen Cîteaux (nabij Dijon) niet vergeten, de Benedictijse abdij in 1098 gesticht, waaruit de beroemde abdij van Clairvaux is voortgekomen die door Bernard van Clairvaux in 1114 is gesticht, alsook de abdij van 'la Trappe' in Normandië, die in 1140 door de koning van Rotrou werd gesticht. Er waren de grote abdijen, de kloosters en de kloosterschuren. In Frankrijk hebben de archeologen wel iedere 25 kilometers in de bodem sporen aangetroffen van kloosterstichtingen! Europa zat als in een web van gebed 'gevangen'. Stelt U zich eens voor: de duizenden ten hemel opgeheven handen van deze monniken en zusters, die zich het lot van de wereldlijke steden aantrokken en voor de komst van het rijk Gods op aarde pleitten. Wat een immense genade, wat een bliksemafleiders voor de barbaarsheid van de samenleving! We moeten ook nog de vele pelgrims vermelden, die zich over heel Europa verspreidden. Dit is wat de grootsheid der middeleeuwen uitmaakte, die uiteindelijk tot de kolossale uitingen van intellectuele wijsheid leidde, zoals de 'opera omnia' (volledige werken) van Sint Thomas van Aquino (†1274) en Sint Bonaventura (†1274)!

Denk aan deze beweging naar grotere heiligheid; denk aan de prinsessen die al hun titels, schoonheid en jeugdigheid in het kloosterleven begroeven; denk aan de ridders, die de eerbewijzen van hun aardse stad – of de roem van wapens – in de steek lieten om het Kruis van Jezus Christus te omhelzen. Dit doet ons aan een andere wereld denken, Gods wereld. Een heilige adem doordrong de menselijke instituten. Dit kneedde de middeleeuwse samenleving en zette de steigers neer voor de opbouw van onze moderne westerse samenleving, niettegenstaande het feit dat die in een geloofsafvallige houding niet meer wil weten van haar Christelijke wortels. Doorheen haar veelbewogen historie moest Christus' Kerk het hoofd bieden aan een scala van ketterse bewegingen, die voortdurend opnieuw het levenslicht zagen. Iedere totstandkoming in termen van evangelisatie, leerstelsel en instellingen, werd door afbraak gevolgd, waarna het werk moest herbeginnen op de puinhopen en sporen van weleer. Vermaarde hervormers waren de stichters van de O.F.M. orde en de O.P. orden, van St Franciscus van Assisië (†1226) en St Dominicus de Guzman (†1221). Die laatste pareerde met zijn prediking, en met succes, de extreem schadelijke Katharen.

(5) De worsteling met het Griekse denken in de vóór-Renaissance
(11ᵉ en 17ᵉ eeuw)

Nadat het Griekse denken was geassimileerd, diende de volgende stap om het in praktijk te brengen. Desalniettemin bleef het vooral een filosofische onderneming. Filosofisch betekende in die dagen theologisch. Slechts een kleine elite, die kon lezen en schrijven, hield zich bezig met de filosofie van de wetenschap. Dat verklaart waarom het zo traag ging. Die traagheid kwam ook omdat het nog onduidelijk was hoe wetenschap bedreven moest worden. Tijdens het ochtendkrieken van de wetenschap gingen de mensen moeizaam tastend door een nevel heen van misvattingen.

5.1 – Het probleem van subjectieve en objectieve kennis

Na introductie van de Islamitische wetenschappen in het Westen door Gerbert van Reims, wat op de millenniumwende geschiedde, ontbrandde een discussie over de te kiezen aanpak: de nuchter-kalm analytische van Plato of de meer intuïtieve van Aristoteles. Dit wordt geïllustreerd met het gezegde van de grote Arabische wijsgeer Ghazzali (†1111): *"De hoogste zoekers naar kennis zijn zij die subjectieve en objectieve kennis met elkaar weten te verenigen."* Er is het historisch zwaarwegend conflict tussen Bernardus van Clairvaux en Petrus Abelard (†1142), wiens werk "Sic et non" als voorloper van de 'Summæ' der scholastici kan worden beschouwd. In 1141, een jaar voor zijn dood, werden zijn werken door Bernardus' tussenkomst veroordeeld op het Concilie van Sens. Diederik van Chartres (†1156) deed een poging een wetenschappelijke uitleg te geven aan het 'zes-dagen-scheppingswerk' volgens Genesis, daarbij steunend op Platoonse premissen. Zijn uitgangspunt was dat God na zijn inleidende scheppingsdaad als een blinde klokkenmaker zich ten ruste begaf; al wat volgde, was slechts de resultante van de Eerste Oorzaak in een oneindig voortzettende reeks van oorzaak en gevolg, een visie, die strookt met die van Albert Einstein. Want Einstein geloofde in de god van Spinoza, een god die wordt vereenzelvigd met de natuur, één van opperste rationaliteit. Zodoende zouden zelfs Adam en Eva zonder goddelijke interventie zijn ontstaan. Willem van Conches († na 1154), die ook in Chartres onderwees, koesterde dezelfde ideeën; hij zou de privéleraar worden van de toekomstige koning van Engeland waar hij de kans kreeg zijn venijn te spuien. In hun godsconcept past geen vrije schepping, toevallige omstandigheid of menselijke vrijheid. Elk toeval en elke willekeur, die lijkt te bestaan, is slechts ogenschijnlijk. Indien we denken dat onze handelingen vrij zijn, dan is dit alleen omdat we onwetend zijn over hun echte oorzaak: Einsteins god kent geen finaliteit (teleologie)!

De Moslims, van hun kant, geloven stellig in de 'creatio continua', wat een toestand is die een voortdurend scheppende arbeid vergt om de scheppingswerken in stand te houden, maar natuurlijk niet zonder een logisch verband tussen het ene en het volgende moment. In deze visie is een mirakel voor God slechts een afwijking van een gewoonte. Ghazzali's hoofdargument was dat natuurkundige oorzaken geen echte oorzaken zijn, maar veeleer gelegenheden zijn voor Gods ingrijpen. Dit benadert het teleologische argument van de doelgerichtheid der verschijnselen en is een visie die toevallig goed strookt met die van het Christendom.

5.2 – De Kerk verzuimde haar roeping niet

Het was duidelijk dat de Kerk moest ingrijpen, vooral omdat het aantal vertalingen van Griekse auteurs via de Arabische brug overweldigende proporties had aangenomen. En de Kerk liet zich niet onbetuigd. Door de enorme hoeveelheid geschriften die naar het Westen stroomde, bleek de taak om alle mogelijke dwalingen te becommentariëren die schadelijk konden zijn voor het zuivere geloof een ondoenlijke taak. Als we de moslimwerken over Aristoteles bestuderen, blijkt dat Islamieten erin waren geslaagd een bewerking van Aristoteles te maken vanuit Platoons perspectief. Avicenna (Ibn Sina, †1037) ging in diezelfde richting. Deze benadering zien we ook bij sommige westerse wetenschapsmensen zoals de invloedrijke Grosseteste O.F.M. (†1253) uit Oxford. Vanaf 1230 werden Avicennas commentaren door die van Averroës overvleugeld. Diens werken werden door paus Leo X (†1521) veroordeeld. Die van Avicenna indirect door paus Gregorius IX (†1241). Schrijver dezes wijst erop dat ook in geval van de onbedorven Aristoteles zijn leer een aantal beginselen bevat die tegen het Christelijk geloof ingaan. Bonaventura benadrukte dat de rede en in extenso de wetenschappelijke praktijk, in zichzelf nooit in staat is de volledige waarheid te achterhalen zonder bijstand van het goddelijk licht; bijgevolg en terecht concludeerde hij, dat het speculatieve denken, toen natuurfilosofie genoemd, de dienares van de goddelijke openbaring behoort te zijn.

De wetenschappelijke problemen waar zijn tijd mee worstelde vonden een origineel en briljant antwoord bij Bonaventura die zich bezighield met de zijnsgeoriënteerdheid van het bestaan. Hij onderwees dat al het geschapene op de een of andere manier in Christus ligt opgesloten, het verborgen Middelpunt van het heelal. Van nature vertegenwoordigt Christus Gods oorspronkelijke en belangrijkste uitdrukking waarbij zijn 'acutaliteit' zich wezenlijk op God richt. Bonaventura's heelalsconcept is symbolisch: omdat de schepping God uitzegt, is elk object een goddelijk woord; de schepping is doorschijnbaar en haar betekenis wordt slechts bevattelijk doordat het goddelijk Licht haar doordringt en een reflectiemogelijkheid biedt vanuit een bron die boven haarzelf uitstijgt. Niets van het geschapene kan werkelijk autonoom zijn, alsof een ding op een of andere manier op zichzelf zou kunnen bestaan. Alles verliest los van God zijn betekenis. Het princiep van de goddelijke openbaring betekent ten aanzien van de wetenschappelijke praktijk vooreerst dat elke manifestatie van het veelkleurig heelal een goddelijk bestemming heeft, op te vatten als de doelgerichtheid van verschijnselen. Het is aan ons die bestemming te ontdekken en ons als goed rentmeester daarop te richten. Die bestemming laat zich ook vinden want God zal niet nalaten onze eenvoudige en oprechte pogingen te steunen. Sint Augustinus zegt het zo: *"Tracht niet naar buiten te treden en keer in jezelf, want de waarheid verblijft in het binnenste van de mens."*

5.3 – De god der filosofen en wetenschappers

Het voornaamste aandachtsveld voor een beoordeling van de wetenschappelijke praktijk is de 'hypothetische figuur', welk begrip is afgeleid van het Platoonse ideaal. In de dertiende eeuw was het belang van deze figuur niet zo vanzelfsprekend. In onze twintigste eeuw, waarin de verwoesting die is veroorzaakt door de morele onverschilligheid van de wetenschapsbeoefening, die op veel terreinen pijnlijk waarneembaar is, is het eenvoudiger de betekenis van de hypothetische figuur in te zien. Het kenmerkende daarvan is dat zij als een mathematisch beeld geen doel in zichzelf heeft, maar enkel de wezenlijke kenmerken bezit van een gedachtenconstructie. De gevolgde werkwijze bestaat uit verificatie door middel van een strikt wiskundige discipline, wat niet alleen aan de exacte wetenschappen is voorbehouden, maar ook op andere terreinen toepassing vindt. In de twintigste eeuw heeft deze benadering alle belangrijke sectoren van menselijke activiteit doordrongen. Zo zegt Frank de Graaff in "Anno Domini 1000 - Anno Domini 2000" (1977):

> «« De mystieke kijk op wiskunde, verwoord door onder andere
> Spinoza, is dat deze beantwoordt aan de diepste gedachte
> van de godheid. Wie is deze god, die de voorstelling geeft
> in plaats van de symbolen, die objecten maakt in plaats van
> schepselen? Pascal is zelf met deze god bekend geweest. Hij
> noemt hem in zijn Mémorial 'le dieu des philosophes et des
> savants', de god van de filosofen en wetenschapsmensen. »»

Het wetenschappelijk denken 'reduceert' in tautologische opeenvolging de axiomatische ideeën van de schijnwereld van wiskundige exactheid. Of erger, en als het zo uitkomt, brengt het de resultante van een exacte wiskundige bewerking weer terug naar de onafhankelijke wereld van ideeën die dan wordt opgevat als de ultieme voorstelling van de werkelijkheid, wat natuurlijk niet zo is. Zijnde een constructie van de geest is het een 'benadering' van de werkelijkheid en soms wel een heel goede. Hoe dan ook, indien zulk een reductieproces in zijn uiterste konsekwentie wordt doorgevoerd, ontkent dit de werkelijkheid ten gunste van wiskunde, intuïtie ten gunste van logica, en fijngevoeligheid ten gunste van het intellect, terwijl ieder van deze kwaliteiten zijn gerechte plaats toekomt. Door het formuleren van de regels van de natuur zijn we in staat gebleken te manipuleren – en dat hebben we zeker niet nagelaten! Maar het kunnen manipuleren is nog niet hetzelfde als uitleggen en weten. Door de pretentie van onze alkennis en almacht hebben we ons leefmilieu onderworpen en mishandeld en zijn ziel eruit getrokken. De bekende dichter H. Marsman (†1940) heeft dit prachtig vertolkt in zijn gedichtenbundel "Tempel en Kruis":

> – *Ik die bij sterren sliep en 't haar der ruimten droeg*
>   *als zilveren gewei, en 't stuifmeel der planeten*
>   *over de melkweg blies en in de maan gezeten*
>   *langs 't grondeloze blauw der zomernachten voer,*
>   *ik ben beroofd en leeg, mijn schepen zijn verbrand,*
>   *mijn stem verloor haar gloed en vindt geen weerklank meer*
>   *in 't dode firmament, niets dan een galm die keert*
>   *van 't sombere gewelf van mijn ontredderd hart.*

> – *Ik sta alleen, geen God of maatschappij*
>   *die mijn bestaan betrekt in een bezield verband,*
>   *geen horizon of zee, geen poovre korrel zand,*
>   *in 't naamloos wel en wee der brandende woestijn.*

5.4 – Aquinos strijd tegen de Averroïstische leer

Gelijktijdig met Bonaventura heeft Thomas van Aquino in zijn strijd tegen de Averroïstische leer een belangrijk en nauwelijks te overschatten bijdrage geleverd, waarbij hij zich afstemde op de filoso-

fische problemen die zich door de instroming van het Griekse denken hadden opgeworpen. Thomas lijkt in de wereld te zijn gezet
voor uitsluitend dat ene doel, namelijk het geloof van de Chris-
tenheid als een samenhangend geheel te verdedigen tegenover
de syrenische tonen die vanuit de Arabische wijsheid weerklank
vonden. In deze onderneming verloor hij Averroës nooit uit het
oog, deze aartsvijand van de Christelijke leer die reeds was overleden voordat Thomas werd geboren. Thomas probeerde de zaken in het gareel te krijgen met zijn "De unitate intellectus", dat
door hem werd geschreven als repliek op Averroës' in essentie
pantheïstische filosofie. In zijn andere werken weerlegt Thomas
op welhaast iedere pagina de Averroïstische dwalingen. Men
heeft daarvan meer dan vijfhonderd passages weten te ontdekken. Deze Arabische filosoof werd door Thomas *"de ontaarde en
rondtrekkende filosoof"* genoemd, hiermee doelend op Aristoteles' rondwandelende manier van onderricht. De gecorrumpeerd-
heid toonde zich in Avveroës (drie) "Commentaren" op Aristoteles. Ofschoon niet gezaghebbend voor het wezenlijke van Aristoteles' werken, oefenden ze wel een grote invloed uit op het bepalen van de algemene perceptie van het Aristotelisme. Averroës
was een elitist die het 'dubbele' waarheidsbeginsel aanhing. Hij
beweerde dat religie en filosofie elk hun eigen toepassingsgebied
kennen. Dat klinkt bekend in de oren! De waarlijk verlichte mens
zou de waarheid van een situatie doorzien en bijgevolg primeert
in Averroës' ogen de natuurfilosofie boven de religie – wat tegenwoordig een Modernistisch stokpaardje is. Reeds bij Averroës
treffen we de verheerlijking aan van het verstand als ongeëve-
naard medium voor de seculaire opgang van de mens. Thomas'
toewijding in zijn heilige taak om de ketterijen uit het Christelijk
denken te wieden was dermate groot dat toen hem het aartsbis-
schopsambt van Napels werd aangeboden hij de Paus onder
tranen smeekte daarvan te worden vrijgesteld. Als hij die benoe-
ming had moeten aanvaarden, wist hij dat zijn levensdoel gecom-
promitteerd zou worden. Zijn "Summa Theologiæ" zou nooit het
licht hebben gezien... Gelukkig heeft hij die wel geschreven, want

in zijn geschriften weet hij een brug te slaan tussen de seculiere wereld en de eisen van het Evangelie.

Thomas' filosofie is waarlijk een zijnsfilosofie die zich niet alleen op de verschijnselen richt. Thomas sprak veel over de essentiële relatie tussen rede, geloof en openbaring, waarbij hij het laatste als een vorm van rede beschouwde. Hij onderstreepte de vitale overeenstemming tussen het redelicht en het geloofslicht, aangezien beide hun bron vinden in God, en in hun beider aanwending kunnen ze elkaar daarom onmogelijk tegenspreken. De zorgvuldige observatie en interpretatie van de aardse dingen, het feitelijke object van de wetenschap, is nuttig om de goddelijke openbaring beter te kunnen verstaan. Daarin zag hij geen conflict. Het geloof is niet bang voor het verstand, het geloof zoekt veeleer naar begrip en vertrouwt op het verstand. Thomas was geenszins gekant tegen de wetenschappelijke vooruitgang, die het resultaat is van de rationele menselijke vermogens. In de grond der zaak vatte hij het geloof op als een dialectische oefening van het intellect, wat zijn eigen werk overvloedig demonstreert. Zeker, de Kerk gaf via haar grote denkers de richting aan om tot een integratie van geloof en wetenschap te komen, maar vond in het seculiere veld geen gehoor, hetgeen ons niet hoeft te verbazen.

5.5 – De opstandige groepering

Een groeiende groep mensen voelde zich tot de opstandige partij van de Parijse leraar Siger van Brabant aangelokt, daartoe aangelokt door zijn Averroïstische ideeën. Deze richting noemt men het Latijns Averroïsme. Ook Thomas trachtte dit onderwerp aan te snijden in zijn "De unitate intellectus". Het geschilpunt, waar alles om draaide, was het monopsychisme, dat gevaarlijke konsekwenties had voor de opvatting van de onsterfelijkheid van de ziel. Het vertrok vanuit het idee dat de intellectuele menselijke ziel een afzonderlijk bestaan heeft in coöperatie met een menselijk conglomeraat dat alle mensen verenigt. Deze heeft een unieke en eeuwige identiteit die op een bepaalde wijze het menselijk lichaam vervolmaakt, zonder echter de lichaamssubstantie zelf aan te tasten (een soort Jungiaans concept van het onbewust-zijn). De implicatie was dat de materie altijd moet hebben be-staan. De schepping uit het niets, dat wil zeggen uit God, werd als een absurditeit gezien. In antwoord op Thomas' berisping en nadat hij in 1270 door de bisschop van Parijs was veroordeeld, besloot Siger zich in de officiële leer te schikken. Verraderlijker waren zijn ideeën over de natuurfilosofie. Terwijl Siger de onze-kere of probabilistische aard daarvan onderkende, opperde hij geen bezwaar ten aanzien van de superioriteit van de godde-lijke openbaring, want dat kwam voor alle partijen goed uit. Hij verwachtte wél dat filosofische bespiegelingen moesten worden gerespecteerd zonder enige inmenging vanuit de godsdienstige sfeer, want die twee waren volgens hem onverenigbaar. Wat dat laatste betreft gaat schrijver dezes hier deels mee akkoord. In die zin zou de natuurfilosoof (wetenschapper) het recht hebben Gods scheppende macht en interventierecht te ontkennen. Dat is waar-lijk ketters. In Sigers enggeestige classificatie vallen bovennatuur-lijke gebeurtenissen buiten natuurfilosofische overwegingen (het wetenschapsterrein). Siger was onstuitbaar en beweerde dat de natuurfilosofie bewezen had dat een aantal theologische geloofs-punten fout waren. Botweg: het geloof werd door de natuurfilo-sofie of wetenschap de deur uitgetrapt. De ontaarde wetenschap van onze tijd heeft die houding overgenomen. Sigers manier van denken over de verhouding tussen geloof en rede veroorzaakte destijds een publieke verontwaardiging die hem in 1276 een tweede veroordeling bezorgde en een derde zeer gedetailleerde in 1277. Deze laatste viel ook een aantal wezenlijke funderingen van de aristotelische filosofie aan, waarin bijvoorbeeld de moge-lijkheid van lege ruimte als een absurditeit wordt gezien, alsook het eventuele bestaan van meervoudige universa, opvattingen die de latere vooruitgang van de wetenschap ernstig heeft belem-merd. De fysicus-filosoof Pierre Duhem (†1916) zag deze veroor-deling uit 1277 als de geboorteakte van onze moderne weten-schap, en daarin had hij in zeker opzicht gelijk.

5.6 – De slaapwandelaars

Diverse belangrijke theorieën van bekende geleerden zagen het licht in de twintigste eeuw, die de bijdrage probeerden te verklaren van de middeleeuwse praktijk en ontwikkelingen in de Renaissance ten aanzien van de daaropvolgende revolutie in de wetenschap. Was het een normale evolutie of een nog nooit vertoonde breuk in de methodologische praktijk en het conceptueel denken? Hoe is dat precies gebeurd? Deze vragen zijn verre van opgelost en dat zal misschien altijd zo blijven. Waarschijnlijk is het een samenloop van verscheidene moeilijk af te bakenen ontwikkelingen geweest die niet het resultaat waren van een bewuste inspanning van een of ander genie. Het is eerder een kwestie geweest van 'vallen en opstaan', zoals Arthur Koestler heeft trachten aan te tonen in zijn boek "De Slaapwandelaars" (The Sleepwalkers). In de zestiende en zeventiende eeuw ontstond in verschillende wetenschappelijke disciplines een rijping van het denken. Toen evolueerden min of meer identieke methoden van onderzoek, gegevensverzameling en wiskundige analyse, die op de vereisten van de afzonderlijke wetenschapstakken waren afgestemd. Menig zoekende geest probeerde aan de vooravond van de Renaissance wetenschap te beoefenen, maar ze slaagden daar volgens de moderne definitie van het woord nauwelijks in. Ze moeten ontevreden zijn geweest over het resultaat, alhoewel sprake was van een zekere vooruitgang. Het cumulatieve gewicht van de gezamenlijke krachtsinspanning over lange tijd moet plotseling bij een cruciaal punt zijn aanbeland, waardoor de sluimerende kennis zich kon manifesteren over hoe de ware wetenschap dient te worden beoefend...

(6) Een breuk tussen religie en wetenschap
in de vroegmoderne tijd
(15ᵉ en 17ᵉ eeuw)

Nadat we hadden vastgesteld dat de filosofen door een nevel van mis-vattingen heen ploegden in hun poging wetenschap te bedrijven, zijn we nu op het punt beland dat goddeloze mensen hun meningen op-drongen ten aanzien van de correcte wetenschapsbeoefening. In het begin was niet evident wat daar de gevolgen van zouden zijn, maar tegenwoordig is dat duidelijk genoeg. Terugkijkend kunnen we een vernietigend oordeel uitspreken over hetgeen toen plaatsvond.

6.1 – Het onderscheid tussen theologie en filosofie

Onze belangstelling gaat niet zozeer uit naar de gedetailleerde vruchten van de wetenschap, maar eerder naar het analytische- en deductieve instrumentarium dat daarachter verscholen ligt en zijn relatie tot het religieuze normbesef. We gaan hier niet de ont-dekkingen aanstippen die tot onze huidige wereld hebben geleid. Het is niet de aanwending van de wetenschap die ons interes-seert en al haar uitvindingen, wel het denken dat daaraan ten grondslag ligt. We hebben de moderne wetenschappelijke praktijk aan filosofie te danken en aan zijn evenknie wiskunde. Inderdaad is wiskunde een vorm van filosofie. Dit tweetal heeft alle belang-rijke 'huizen' doorlopen, terwijl ze de religie uit haar woonsteden verdreef – een verschrikkelijke verwoesting achterlatend. Er zijn een aantal huizen die mij voor ogen staan: de medische praktijk, wetgeving en wetshandhaving, politiek en oorlogsvoering, socio-economisch bestuur, de administratieve inrichting en het zaken-doen. Tenslotte werd in de tweede helft van de 20e eeuw het huis van het Christelijk geloof bezocht. Religie werd op straat gezet en in plaats daarvan gingen Modernistische ideeën de dienst uitma-ken. Religie is niet vrij van filosofie. We noemen het theologie. Theologie staat onder de tucht van het geloof, maar zo is het niet bij filosofie. Van groot belang is dat de theologie haar denk-patroon aan het bovennatuurlijke ontleent, in de Joodse mystiek soms de vijfde dimensie genoemd, terwijl onze natuurlijke wereld slechts vier dimensies kent. Het is veelzeggend dat de Torah uit vijf boeken bestaat. Vanuit de stelling dat de Heilige Schrift een combinatie vertegenwoordigt van het natuurlijke en bovennatuurlijke, volgt dat zij zich niet leent voor een eigenzinnige uitleg. Schrijft de apostel Petrus: *"Geen enkele Schriftprofetie is door eigenmachtige verklaring ontstaan – omnis prophetia Scripturæ propria interpretatione non fit."* (2 Petr.1:20)

Er zijn vier ruimtelijke dimensies: één onzichtbare, de materia prima, en drie waarneembare dimensies (tijd wordt aangezien als een dimensie, maar dat is een misvatting). De vijfde ligt daarom boven ons bevattingsvermogen tenzij God het ons openbaart. Het is in dit verband interessant dat de naam Juda met het 'tetragrammaton' wordt geschreven. Tetragrammation is een technische term voor de uit vier Hebreeuwse letters bestaande Naam van God: "**Jahweh**". Door een extra letter in de Naam te voegen, de 'dalet', ontstaan vijf letters (yod, hè, waw, dalet, hè), wat als Jehuda of Juda leest. Aartsvader Juda, die Jezus' voorouder is, vertegenwoordigt dus de deur (dalet) waardoor het goddelijke, Die in de bovennatuurlijke vijfde dimensie woont, in onze wereld binnentrad. Dat heeft waarlijk plaatsgevonden in Jezus Christus, in Wie het hoogste natuurlijke en bovennatuurlijke Eén zijn.

Sint Anselmus zou zich met deze gedachte comfortabel hebben gevoeld. In zijn "Proslogion", wat een verhandeling is over Gods bestaan, dat hij in 1077-78 schreef, geeft hij aan hoe in de zoektocht naar de immer grotere God het mystieke en het theologische samensmelten. In de zoektocht naar dit hoogste 'esse' openbaart Hij zichzelf door zijn Woord heen dat zich tot mensen richt (ja, wij maken deel uit van de vergelijking!), het Woord zijnde het Leven dat het leven overstijgt (Vita summa vita). Door de kracht van zijn verstand en door woorden, zo merkt Anselmus op, ontdekt de mens God zeer gebrekkig; het hart is noodzakelijk om God in zijn ondeelbaarheid te leren kennen ...en zelfs dán! Het brandend verlangen God te leren kennen, het Woord dat boven elk woord is verheven, wordt altijd onvoldoende bevredigd! Een eeuw na het verschijnen van de Proslogion omschrijft Willem van Auxerre (†1231) de theologie nogal magertjes als een wetenschap. Volgens hem vormen de geloofsartikelen, als eerste beginselen van de theologie, een axiomatisch uitgangspunt en ze zijn als zodanig onmiddellijk herkenbaar. Deze kunnen volgens hem als vooronderstellingen worden gebruikt in bewijzende syllogismen (een bepaalde redeneertrant), die wetenschappelijk geldige conclusies opleveren. Alhoewel deze benadering niet onverdienstelijk is wordt ze in zijn oversimplificatie onjuist. Zo geformuleerd vervaagt het onderscheid tussen theologie en filosofie.

6.2 – De grenzen der wetenschap

René Descartes (†1650) heeft in grote lijnen de analytisch deductieve methode geformuleerd. Hij zegt daar zelf over: *"Ik zal de ware rijkdom van onze zielen blootleggen om zo voor ieder de weg toegankelijk te maken waarlangs ze in hunzelf alle kennis kunnen ontdekken die nodig is om in het leven te staan, en ik zal de middelen verschaffen ter verwerving van alle kennis die binnen het menselijk bevattingsvermogen ligt."* Nu, dit lijkt een wat vreemde uiting voor iemand die de kil analytische methode heeft ontdekt. We moeten beseffen dat 'kennis' ten tijde van Descartes een bizarre mengeling van feit en verzinsel was, van het mythische en occulte, van godsdienstig dogma en wilde veronderstellingen. Ook hij koesterde een aantal absurde ideeën, maar dat is voor ons niet van belang. Belangrijk is dat hij ons de regels heeft aangereikt voor de wetenschappelijke logica, zoals nog altijd in praktijk gebracht. Deze regels worden in de inleiding van zijn "Essays" uit 1637 naar voren gebracht. De titel van die inleiding is: *"Verhandeling over de methode van het zindelijk denken en over waarheidsvinding in de wetenschappen"*. Dit bleek een verdere ontwikkeling te zijn van een niet door hem gepubliceerd werk: "Regels voor het richting geven aan de geest". Naar eigen zeggen begon zijn methode met een plotse 'openbaring' en wel op 10 november 1619, ergens in de buurt van Ulm. Het bleek een gedenkwaardige dag voor de vooruitgang van de wetenschappelijke praktijk. Hij noemt vier fases, waarvan hij zegt dat ze de veronderstelling volgen dat alle menselijke kennis van de dingen uit de geometrische methode volgt.

René Descartes

De vier fases zijn als volgt omschreven:

1) **Evidentie**: aanvaard alleen als onderliggend feit wat zich helder en duidelijk voor ogen stelt (clare et distincte percipere);

2) **Deling**: splits een probleem in steeds kleinere fracties uiteen;

3) **Toenemende complexiteit**: benader een probleem door van het eenvoudigste naar een steeds grotere complexiteit op te klimmen;

4) **Volledigheid**: controleer alles zorgvuldig en laat niets buiten beschouwing.

Dit schema verklaart waarom wiskunde zo'n krachtige manipulatieve methode is, die in staat stelt elk object aan een onderzoek te onderwerpen. Door gecompliceerde werkelijkheden tot eenvoudige geometrische begrippen te herleiden, heeft Descartes de wetenschappelijke methode ontdekt. Dit lijkt een objectieve benadering, maar dat is het niet, want 'evidentie' omvat alleen wat in observatie-'punten' kan worden uitgedrukt; een geometrische figuur bestaat immers uit punten. Zo zijn er ook discussie-'punten'. Inderdaad is het eenvoudigste element in een figuur een punt, wat de ultieme vereenvoudiging is. De punten ontlenen hun functie aan de structuur waartoe ze behoren. Een groep objecten, die worden neergezet als figuurpunten op een schaal (een maatstaf / verhoudingsgetal), bestaat uit vervangbare en uitwisselbare eenheden. Zodoende wordt alles tot ideale lichamen of concepten herleid waar referentiepunten de te nemen actie bepalen.

Het reductieproces is op alle terreinen van menselijke activiteit toegepast. Ook mensen worden gereduceerd en tot objecten, tot niet personen gemaakt, als bij punten op een schaal. Reeds het oude Griekenland kende een filosofie die hierbij aansloot. De ideale maatschappij bestond volgens Plato uit 5.040 onderdanen, want dat is deelbaar door alle getallen tot 12 behalve 11. Dit is bijzonder handig voor statistische manipulatie. Stelt U zich eens voor hoe fantastisch het moet zijn om koning van zo'n maatschappij te zijn en haar regels met mathematische precisie vast te leggen! Maar tel op uw passen, want wie niet in de ideale vorm past zal met geweld worden 'gereduceerd' tot een punt op een figuur, tot een object. God heeft de mens 'gelijk' gemaakt, dat wil zeggen, met gepaste eerbied voor ieders unieke mogelijkheden. Zoals de Mishna Sanhedrin 4:5 opmerkt:

> «« Adam werd geschapen ten behoeve van vrede onder de mensen zodat niemand tegen zijn naaste kan zeggen: Mijn vader was belangrijker dan die van jou (…) Ook werd de mens (als één wezen geschapen) om de grootheid van de Heilige

te tonen, zijn Naam zij geprezen, want indien iemand veel
munten uit één stempel weet te slaan, dan lijken ze alle op
elkaar, maar de Koning der Koningen, de Heilige, Zijn Naam
zij geprezen, maakte iedere mens naar het beeld van Adam
en toch gelijkt niet een ervan op zijn naaste. »»

Dus elk individu heeft zijn eigen en onmisbare inbreng voor het
geheel van onze bonte samenleving, maar de wiskundige benadering is juist de ontkenning daarvan, want in dat perspectief bestaan mensen, als bij figuurpunten op een schaal, uit vervangbare en uitwisselbare eenheden.

Volgens de cartesiaanse rangschikking worden alle gebeurtenissen in cijfers vastgelegd. In wezen beschrijven cijfers gelijkheid of
onderscheid. In onderlinge vergelijking kan het bestudeerde aspect hetzelfde zijn of iets anders. Alle aspecten en dingen kunnen
worden gedefinieerd met een ja of nee, een één of nul, wat het
"est et non" is van Pythagoras. Juist dit principe ligt ten grondslag
aan onze computertaal met zijn schier onbegrensd beschrijvings-
potentieel. Dit soort reductie, indien gebotgevierd binnen de maatschappelijke verhoudingen, vormt een gevaarlijk wapen. Terwijl
de doelmatigheid van de geometrisch getrainde geest geen be-
toog hoeft, als ze zich aan haar beperkingen houdt, moet de onbe-
teugelde uitoefening daarvan ten stelligste worden veroordeeld.

De eerste fase – die van de gegevensinzameling, houdt in dat
enkel dat vermeldenswaard is wat voor het oog meetbaar en
evident is. Wat buiten het gezichtsveld valt, bestaat niet! De 'ziel'
in dit systeem ontkennen, is een koud kunstje: het volstaat 'waar
te nemen' dat ze niet waarneembaar is. Dat betekent dat de cartesiaanse methode geen plaats inruimt voor kennisaanspraken
over de wereld zoals deze echt zou kunnen zijn, in oppositie tot
de deductieve aanspraken van het wiskundige model.

Inzake de tweede fase geldt dat men voor de uitvoerbaarheid
gedwongen is de oneindige verscheidenheid van de echte wereld

te reduceren tot een overzichtelijk aantal uitgangs'punten', die dan een grove, maar zeer nuttige benadering van de werkelijkheid vormen. Het systeem geeft trouwens niet goed aan hoe het samengestelde geheel moet worden bezien. Wel over hoe een probleem moet worden opgesplitst. In feite onstaat een vorm van bijziendheid, want men heeft volgens deze benadering slechts oog voor het kleine detail.

We belanden nu bij de derde fase van de cartesiaanse methode die wordt gekenmerkt door een uitdijende complexiteit in de beantwoording van een toenemend aantal kleine probleemstellingen, waar elk zijn eigen deeloplossing biedt. Op cartesiaanse wijze wordt de totaliteit beschouwd als een bij elkaar optellen van delen zoals bij de assemblage van een voertuig. De Cartesiaanse formule luidt: "Het heelal is een machine waar met niets anders rekening hoeft te worden gehouden dan conceptuele figuren en de beweging van haar delen." Het enige wat telt zijn afmetingen, figuren en onderdelen. Dat bracht Descartes op het idee van de diermachine en natuurlijk is de mens dan ook een machine. Vanuit die optiek wordt het zeer lastig onderscheid te maken tussen een rekenkundige machine en de hersenen. Men voorspelt dat de verwerkingssnelheid en het taalniveau van een computer het menselijk hersenpotentieel binnenkort zullen hebben overtroffen! In die machine hoeven we slechts een soort zelfbewustzijn te gieten en ziedaar (zal men zeggen): een machine met een ziel! Vragen zullen dan opkomen omtrent euthanasie: mogen we bij een dergelijk apparaat de electrische stroom afsluiten?

Via de analytisch deductieve benadering van René Descartes is de toenemende complexiteit een niet te stuiten autonome ontwikkeling, waarbij de totaliteit als waarderingsobject steeds verder achter de horizon verdwijnt. De specialisaties die uit een grotere complexiteit volgen, gaan zonder oog voor het geheel een eigen leven leiden totdat ze tenslotte elkaars concurrent worden. De steeds grotere complexiteit voortkomend uit de deductieve

methode, leidt tot een gebrek aan inzichtelijkheid en tot een toenemend aantal specialisaties. De som is meer dan de optelling
van zijn delen, de 'emergent property' geheten (opkomende eigenschap), maar daar heeft het deductief denken geen boodschap
aan. Inductief denken poogt vanuit de details tot algemeen gel-
dende principes te komen en nieuwe paradigma te formuleren,
terwijl het zuiver deductief denken zich daar verre van houdt.
Toepassing van de inductieve benadering weet het probleem van
een overdreven aantal specialisaties te omzeilen en in te korten,
want met elk waardevol verkregen inductief inzicht wordt een
nieuwe cyclus in gang gezet waarmee de grenzen die het deductief denken zichzelf heeft opgelegd kunnen worden overschreden.
Op die manier wordt een draaiend wiel van deductief naar inductief denken naar deductief denken gecreëerd en zo verder.

Wat de vierde fase betreft, waarin alles uitputtend moet worden
opgesomd, kunnen er zeker geen uitzonderingen worden getole-
reerd 'binnen' het stelsel dat alles reduceert tot de cartesiaanse
universele geometrie. Het punt is dat alle punten of eenheden
binnen het ontwerp moeten passen. Elk punt, dat niet is aange-
duid of gecatalogiseerd, telt niet mee, bestaat niet. In feite hebben we van doen met een 'illusie' die voortkomt uit een opzette-
lijke geestvernauwing. Maar binnenin het verengde perspectief
wordt met alles rekening gehouden.

Toen de Europese Commissie voor de vraag stond de invoer van
genetisch gewijzigde soja uit de U.S.A. te verbieden, waar ze uiteindelijk een invoervergunning voor afgaf, zei een woordvoerder
ter verdediging van dit toch wel bedenkelijke besluit: *"Omdat er
geen wetenschappelijk bewijs bestaat voor de mogelijk schadelijke gevolgen kan de Europese Commissie geen argument aan-
voeren om een invoerverbod in te stellen."* Hij kon niet zeggen:
"De beste Europese laboratoria hebben de kwestie uitputtend
onderzocht en zijn tot de conclusie gekomen dat het onschadelijk
is voor onze gezondheid." De woordvoerder heeft het niet op
deze wijze geformuleerd omdat dan de zwakheid van de rede-

nering zou opvallen. Geen enkele methode is echt uitputtend, zeker niet met zulke ingewikkelde kwesties als de genetica. Hij wendde zich daarom tot een administratieve regel die willekeur uitsluit, want deze (administratieve) regel lag in dezelfde carte-siaanse logica opgesloten die op een gegeven ogenblik ook in het huis der overheid is ingevoerd. Het geval wil dat zolang men binnen de omheining van de cartesiaanse logica blijft de argu-menten door een duidelijke en exacte formulering worden geken-merkt. Het mentale ontwerp blijkt een onoverwinnelijk bastion, omdat het van binnenuit niet kan worden aangevallen. En het is juist dit facet dat totalitaire regimes aanspreekt. We hebben daar de trieste gevolgen van gezien....

6.3 – De gruwelen van een benadering die onze goddelijke roeping afwijst

De geest van het geometrisch denken heeft zijn toppunt bereikt in de persoon van Peter Singer, die sinds 1999 hoogleraar 'ethiek' is aan de Princeton universiteit in de Verenigde Staten. Singers hooggeprezen filosofie volgt drie principes: atheïsme, darwinisme en het nutsprincipe. Die brengen hem tot de onontkoombare con-clusie dat de mensensoort geen aanspraak kan maken op een bevoorrechte positie tegenover dieren. Zijn denkstelsel is afge-stemd op het vermeerderen van het bij elkaar opgetelde geluk van dieren en mensen, en het tegelijk doen afnemen van het bij elkaar opgetelde lijden. In dat systeem is de cummulatieve levens-kwaliteit van dieren en mensen het ambitieuze doel. Derhalve schendt het eten van dieren de dierenrechten en is ethisch fout, omdat het niet het grootste goed van het grootste aantal soorten bevordert. Hij komt tot een radicale veroordeling van de doctrine van het in stand houden van de eigen soort (dus de mens zelf), wat hij het soortdenken noemt (speciecism). Het benadrukken van de goddelijke roeping van de mens en van de unieke plaats van de mens in Gods scheppingsplan, is in zijn ogen een verach-telijke vorm van soortdenken. Zijn nutsprincipe houdt in dat pijn

het enige kwaad en dat genot het enige goed is, alhoewel hij toegeeft dat enige pijn dienstbaar kan zijn voor het verwerven van
een begerenswaardig goed. Maar pijn moet worden vermeden,
zonodig door vroegtijdige levensbeëindiging. Het merendeel van
Singers ideeën is absurd, maar binnen zijn ingekaderde denk-
systeem zijn ze volkomen logisch en aanvaardbaar.

6.4 – Geloof versus rationalisme

De ongeremde toepassing van het cartesiaanse stelsel zou vermoedelijk niet hebben plaatsgevonden, indien daar geen extreme
rationalistische houding aan vooraf was gegaan. Een kruisbe-
vruchting tussen het religieuze- en politieke huis heeft het pad
geëffend. We moeten ons tot de eerste helft van de zestiende
eeuw wenden om de held van het rationalisme te vinden. Natuurlijk Luther. Zijn invalshoek was dat het geloof niet mag worden
ontkoppeld van de rede: indien we denken dat het geloof in tegenspraak is met de zuivere rede, moet het geloof buigen. Ofschoon
de Heilige Schrift 'supra rationem' is, mag volgens Luther niets
(volgens onze kleingeestige) 'contra rationem' worden aanvaard.

Volgens Luther gold dat indien het geloof in strijd is met de rede,
het geloof fout is. Dit houdt in dat wat noch waargenomen kan
worden noch begrepen, niet voor waar mag worden aangenomen. Merkwaardig genoeg wees de tot priester gewijde Luther
het Eucharistisch Sacrament niet af (in zijn latere leven wel). In
tegenstelling hiermee houdt het thomistisch standpunt in dat een
geloofsartikel dat het verstand te boven gaat ergens in de toe-
komst zal worden verstaan. Dit is binnen de Roomse Kerk de gewone leer zonder welke theologie een ijdele onderneming wordt.
Zo leert ons de "Katholieke Dogmatiek" uit 1951 van de Domini-
canen A. H. Maltha en R. W. Thuys:

> «« Het Vijfde Concilie van Lateranen (1512-17) leert dat
> elke bewering, die met een geloofswaarheid in strijd komt,
> compleet vals is (Denz. 738); Vaticanum I (1869-1870)

bevestigt uitdrukkelijk dat er geen tegenstrijdigheid kan bestaan tussen geloof en rede. Daar zowel de geloofs- waarheid als de natuurlijke waarheid uiteindelijk steunen op Gods verstand, kan er onmogelijk tegenspraak zijn tussen wat wordt geloofd en wordt ingezien. Vandaar moet elke moeilijkheid van de rede minstens in die zin worden opgelost dat men aantoont dat zij niet noodzakelijk steekhoudend is op het gebied van deze of gene bovennatuurlijke werkelijkheid. »» (pp. 191-92)

Via analogie met natuurkundige wetten kunnen we aantonen dat Thomas van Aquino gelijk heeft en Luther ongelijk. Het natuur- kundig onderzoek kent heel wat verschijnselen die niet duidelijk begrepen worden. Zo is men het erover eens dat de zwaarte- kracht een groot vraagteken is. Nochtans betreft het de belang- rijkste grootschalige wisselwerking in het heelal. Een van de kon- sekwenties van dit gebrek aan inzicht is dat er geen objectieve maatstaf bestaat voor de bepaling van het gewicht van één kilo- gram. Momenteel wordt het prototype van het kilogram in het "Bu- reau International des Poids et Mesures" (B.I.P.M.) bewaard in Sèvres, nabij Parijs, wat tot gevolg heeft dat alle kilogrammen in het heelal anders gaan wegen indien het prototype iets aan gewicht 'verliest' door een beetje slijtage of juist 'wint' door kleine stofjes vuil. De zwaartekracht kan gemakkelijk worden ervaren, maar ondergetekende wijst erop dat de zwaartekracht zélf niet waarneembaar is. Massa (een object) is waarneembaar, maar de zwaartekracht kan alleen via zijn effect, dat 'gewicht' heet, wor- den vastgesteld. In dit opzicht lijkt de zwaartekracht op een ge- loofsartikel. Het 'geloof' in de zwaartekracht is net zomin als bij een geloofsartikel uit de lucht komen vallen en men vertrouwt erop dat deze eens zal worden begrepen.

Als God de mensheid een geloofsartikel aanbiedt dan laat Hij dit immer samengaan met manifestaties die de waarheid daarvan ondersteunen. Zo zijn er veel manifestaties die van het wonder van de Heilige Eucharistie getuigen. Een bloemlezing is te vinden in het boekje van André Lemmens "Geloof in Mij" (1990), wat een uitgave was van het Bisdom Roermond; daarin geven 21 door de Kerk bevestigde wonderen blijk van het eucharistisch wonder. In een Franse uitgave van J.-M Mathiot staan er meer dan 150, maar ook die opsomming is onvolledig. Deze bewijzen van de waarachtigheid van de Heilige Eucharistie zijn belangrijk omdat de transsubstantiatie onder de categorie van een geloofsartikel valt dat nog 'nog niet' wordt begrepen.

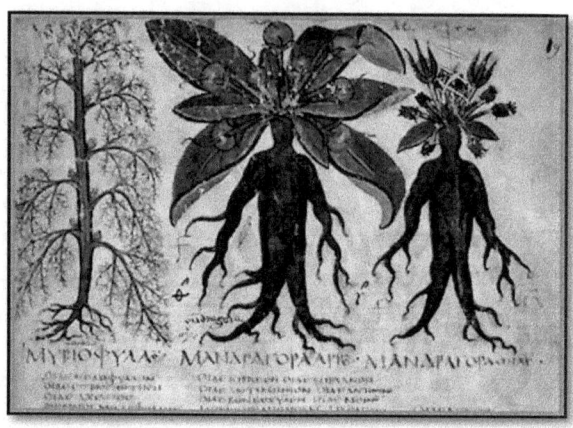

Mandragora

6.5 – De duivelsappel

De superrationalistische denkwijze raakte stevig verankerd in het Protestantse denken. Overgebracht naar de andere huizen en verenigd met de filosofie van Machiavelli (†1527) en gelijkgezinden, is in de Reformatie een verschrikkelijk brouwsel ontstaan. De Renaissance was een tijdperk met een immense drang naar vrijheid, naar de zelfbeschikking van de mens, een tijdperk dus waarin vele nieuwe ideeën en zienswijzen tot ziedende ontwikkeling kwamen. Dit werd, indien vanuit het humanisme bezien, niet noodzakelijk beperkt tot de tweede helft van de vijftiende en eerste helft van de zestiende eeuw. Van het humanisme weten we dat haar uitgangspunt de verheerlijking is van het individu. Het voorbeeld, waaraan men zich wilde spiegelen, werd gezocht in de geïdealiseerde en slecht begrepen oudheid van de Grieken en Romeinen, waarmee ze verder in de geschiedenis terugkeek dan het Christendom. Kenmerkend was die vijandige houding tegenover de hiërarchie, die zich uitte in verachting van het heilig kerkinstituut en zijn priesters. Het sterkste bewijs daarvan vinden we in Machiavellis "Discorsi" (Verhandelingen) en zijn parodie "De Mandragora", een toneelspel dat de priesters in het gewaad van huichelachtigheid kleedt. Dit leverde hem terstond vermaardheid op. Mandragora is een woord dat is afgeleid van het oud-hoogduitse 'runa', wat geheim betekent. De mandragoraplant of mandrake heeft soms de vorm van een mensachtige figuur, reden waarom men daar vroeger tover- of duivelskracht aan toeschreef; het wordt daarom ook gekend als de duivelsappel. De boodschap is evident. Het toneelspel werd eerder vermakelijk bevonden, ook door de kerkelijke gezagdragers, die dit niet direct als een aanval zagen, maar het was er wel degelijk een, want Machiavelli haatte de Kerk. In zijn "Verhandelingen" dat vier jaar na zijn dood werd uitgegeven, komt de volgende passage voor: *"Hoe dichter de mensen bij de Kerk van Rome staan, die het hoofd is van onze religie, des te minder godsdienstig zijn ze (...) Haar ondergang en kastijding is nabij (...) Wij, Italianen, hebben het aan de Kerk van Rome en haar priesters te danken dat wij ongelovig en slecht zijn geworden."* Onschuldig was het toneelspel dus zeker niet.

6.6 – Het doel heiligt de middelen

In 1513 schrijft Machiavelli zijn bekendste boek: "Il Principe" (De Vorst), waarin hij zijn waarnemingen vastlegt van het misdadige politieke proces, zonder zijn afkeuring daarover te uiten. Hij doet voorkomen alsof het altijd zo toegaat. Machiavelli's beschrijving van het gemanoeuvreer der vorsten is niet anders dan de toepassing van het nutsprincipe van een handeling (hierin herkennen wij Singer), het rücksichtslose van 'het doel heiligt de middelen' zonder aandacht voor de ethische waarde van het gebruikte middel en buiten beschouwing latend of het doel wel moreel spoort. De namen van dit spel zijn: pragmatisme, opportunisme, meedogen-loosheid, gewetenloosheid en bedrieglijkheid.

Machiavelli zette de eeuwenoude discussie voort over de positie van de Kerk in staatsaangelegenheden. De volgende stap was de propagering van de absolute scheiding van kerk en staat. Het schijnt dat de vroegst gekende voorstander van deze opzet te vinden is in de persoon van de Italiaan Fausto Socinus (1539-1604), de initiator van wat later de Vrijmetselarij zou worden en destijds anders heette. Daar komen we nog op terug. Hij werd door haat jegens Christus' Rijk op aarde verteerd inclusief alle in-stituten en principes die daarmee verband hielden. Dit blijkt uit zijn verklaring dat een Christen geen hoge maatschappelijke positie mag bekleden. Op zijn negentiende levensjaar viel op hem de verdenking van Lutheranisme, waar toen gevangenisstraf op stond. Op zijn drie en twintigste schreef hij in zijn "Explicatio" (over de proloog van het Johannes-evangelie) aan onze Heer Jezus Christus een ambtelijke godheid toe en geen wezenlijke. En in een brief die hij op zijn vier en twintigste schreef, verwerpt hij de natuurlijke onsterfelijkheid van de mens (de mens zou geen onsterfelijke ziel hebben).

Gedurende heel zijn leven vertrouwde Fausto volledig op de conclusies van zijn eigen verstand waarmee hij het Christendom wilde ondergraven en steeds verder naar de periferie van het echte bestaan brengen. Niet zonder reden typeert de in 1879 gegraveerde gedenkplaat in Siena, zijn geboorteplaats, hem als de verdediger van de menselijke rede tegenover het bovenna-tuurlijke. Het opschrift op zijn grafsteen luidde destijds, in het Poolse Luslawice waar hij begraven ligt: *"Tota jacet Babylon destruxit tecta Lutherus, muros Calvinus, sed fundamenta Soci-nus"*: als Luther erin is geslaagd het dak van de (met als 'Baby-lon' aangeduide) Roomse Kerk te slopen, als Calvijn het klaar-speelde haar muren omver te halen, dan komt Socinus de eer toe haar fundering te hebben vernietigd.

(7) Vanaf de Reformatie tot aan de vroegmoderne wetenschap

(16^e en 17^e eeuw)

In het vorig hoofdstuk hebben we gezien hoe de rationalistische geest een ontsporing in ons denken heeft veroorzaakt. Om opnieuw Marsman te citeren: "Geen God of maatschappij die mijn bestaan betrekt in een bezield verband, geen horizon of zee, geen poovre korrel zand, in 't naamloos wel en wee der brandende woestijn." We gaan nu zien hoe de onderwerping van de 'Gods Ratio' aan de 'Oppermacht van de Mens' wordt onderworpen. Dat is zeker niet iets dat in enkele woorden kan worden beantwoord. Het is een gecompliceerde zaak. Toch kan niet worden ontkend dat meer dan een enkele godhater de te nemen koers heeft bepaald.

7.1 – Dat aspect van Luthers theologie moet Fausto hebben geboeid

We hebben onze aandacht nog niet echt op de reformator Maarten Luther (1483-1546) gevestigd. Hij vertegenwoordigt een mijlpaal op weg naar de vergoddelijking van de menselijke rede. Zijn oudtestamentische God was een God van macht, zijn nieuwtestamentische een van Liefde, maar de God van de theologen, waar Luther een specimen van was, was een God wiens affectie vooreerst intellectueel is; wiens existentie erop gericht schijnt te zijn de mens te helpen het heelal te doorgronden. Dat aspect van Luthers theologie moet Fausto Socinus hebben aangesproken en verklaart ook waarom de Vrijmetselaars met niet weinig bewondering naar hem opkijken.

De eerste manifestatie van de anti-Christelijke sekte, die wij als Fausto's erfgoed beschouwen, vond in het jaar 1717 plaats onder de naam "Vrijmetselarij". Toen, in dat jaar, was de officiële oprichting van de Londense Moederloge der Vrijmetselarij, niet zo toevallig op het tweehonderdste herdenkingsjaar van de geboorte van het Protestantisme, waarvan men het begin op 31 oktober

1517 situeert, op Allerheiligendag. Op die dag nagelde Luther zijn proclamatie aan de slotkapel te Wittenberg, waarin hij een aantal kerkelijke misstanden afficheerde. Fausto's achtste opvolger was de Hugenootse predikant en natuurkundige Désaguliers. Hij blijkt een der stuwende krachten te zijn geweest achter de officiële oprichting van de Vrijmetselarij. Fausto zelf kon geen Vrijmetselaar zijn want een beweging onder die naam bestond toen nog niet en heeft tijdens zijn leven ook nooit bestaan, maar hij was het wel in de geest. En hoe zou men de vrijmetselaarsgeest beter kunnen omschrijven dan het op de voorgrond plaatsen van de menselijke rede (of gnosis) in een afwijzing van het bovennatuurlijke? Hierin herkennen wij Fausto's grondhouding.

In Fausto's tijd begroetten de adepten elkaar met *"ave frater"* dat werd beantwoord met *"rosæ crucis"*. De roos stond symbool voor het hermeneutische of geheime weten en het kruis voor de religie die moest worden verpletterd. Er bestaan heel wat varianten op dit thema met verscheidene betekenissen. De alchimist Robert Fludd (†1637) geeft in "Summum Bonum" een uiteenzetting over de betekenis van het rozenkruissymbool, dat toen uit een gouden kruisje bestond met in het centrum een rode roos. De betekenis die Fludd hieraan gaf is wegens zijn Sociniaanse achtergrond van

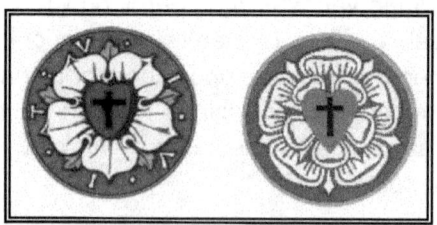

het Lutherse zegel

belang (d.w.z. dat hij een volgeling was van Lælius en Fausto Socinus). Een jaar voor zijn dood initieerde hij de jonge Thomas Vaughan in de beginselen van het Socinianisme. Deze Vaughan is een prominent figuur. In de intieme kring van de vrijmetselaarsloges wordt hij bewierookt als zijnde de grondlegger van hun beweging. Volgens Fludd zou het kruis de wijsheid voorstellen van de verlosser (c.q. Bon Iovi of Lucifer) en de volmaakte kennis; de roos zou wijzen op louterende ascese die de begeerten van het vlees doodt. Fludd beweerde dat deze tekens het magnum opus van de alchimie zijn. Volgens de vooraanstaande Vrijmetselaar Serge Hutin (†1997) vertegenwoordigen ze de menselijke conditie in relatie tot het Mysterium Conjunctionis, de vereniging aanduidend van substantie en wezen, van materie en bewustzijn, van lichaam en ziel.

Men behoort te weten dat de sekte niet enkel het 'rozenkruis' als symbool gebruikte. De volmaakt ingewijden hadden in plaats daarvan het 'gouden kruis', en antwoordden met *"aureæ crucis"* (gouden kruis), dus niet "rosæ crucis" (rozenkruis). Het gering aantal 'volmaakt ingewijden' wist heel goed dat de gewone alchimisten tevergeefs zochten naar de steen der wijzen in hun verwoede pogingen om uit lood goud te maken. De volmaakt ingewijden wisten dat dit uitsluitend kon worden bereikt via bemiddeling van de door hen aanbeden Satan. Fausto's onmiddellijke volgelingen noemden zichzelf in besloten kring noch Socinianen, noch Unitariërs, maar 'Broeders van het Rozenkruis'. Anderen hebben hen later Socinianen genoemd naar de oom van Fausto, Lælius Socinus, die deze sekte in 1546 in Venetië had opgericht tijdens de zogenaamde "Vicenza Colloquia" (de vergadering van Venetië). We komen daar later op terug. Het gaat echter nog verder terug. De Tempelridders staan waarschijnlijk aan zijn oorsprong. De eindtijdprofetes MDM zegt in haar boodschap van 29 april 2012: *"Maçonieke groepen (onder andere namen) hebben vanaf de middeleeuwen tegen God en al zijn werken samengezworen. Hun trouw is aan de boze. Hij, Satan, is hun god en ze zijn er trots op hem via Zwarte Missen eer te betonen."*

Pas na de gedenkwaardige bijeenkomst van "het tellen van de volmaakt ingewijden" in 1617 (het waren er zeven) werd de term Rozenkruiser wereldkundig gemaakt. Fausto was toen al overleden. Deze bijeenkomst was op 31 oktober, op de dag van Luther. Gelijktijdig werd een koddig aandoende legende over zijn ontstaan verspreid, dit om haar primaire doelstelling te verbergen dat de Christelijke instellingen en bijpassende erediensten moesten worden uitgeroeid. De Vrijmetselarij, waar het Rozencrucianisme zich heeft ingenesteld, kan als een school worden omschreven die mensen op het hellende pad brengt van het minste tot het ergste kwaad. Pas aan het eind van dat pad wordt de deelnemer gewaar welk motief haar werkelijk beweegt. De novice wordt daarover in het ongewisse gelaten en om de tuin geleid met een vertelsel van schone schijn.

7.2 – De wansmakelijke legende van Christiaan Rosenkreuz

De sleutelfiguur in de rozenkruislegende is Christiaan Rosenkreuz die, bedacht men, in 1378 geboren moest worden. Voor Christus-haters is dat een gedenkwaardig jaar. Toen werd de pauselijke leiding in tweeën gesplitst door het conflict met een tegenpaus. 1378 wijst ook op de Engelsman John Wycliffe, die als voorloper van Jan Hus kan worden gezien, op zijn beurt weer een soort Luther. In dat bijzondere jaar legde Wycliffe de laatste hand aan zijn trilogie: "De Ecclesia", "De veritate Sacræ Scripturæ" en "De potestate Papæ". Deze laatste verdient onze aandacht. Daarin wordt betoogd dat de organisatie van het godsdienstige leven op generlei wijze op de Heilige Schrift mag zijn gefundeerd. In zijn geschrift roept hij de overheid op om in schismatische reactie op Rome tot een hervorming van de Engelse kerkorde te komen. Dat is uiteindelijk op voorstel van de Engelse koning in 1534 gebeurd. De Boerenopstand van 1381 dreef de kwestie die Wycliffe voorstond op de spits. Het gepeupel ging moordend rond onder leiding van John Ball, de krankzinnige priester. Deze opstand had ondertonen van wraak voor de vernietiging van de tempeliersorde, wat ruim zestig jaar eerder was gebeurd. Heel wat Tempeliers schijnen toen vanuit Frankrijk een toevlucht te hebben gevonden in Schotland, wat sindsdien een belangrijke haard voor het vrijmetselaarsgedachtegoed is geble-

ken (het gnosticisme). Men zegt dat de tempeliersorde de verloren geraakte sleutels tot de mysterieën uit de Arabische landen
heeft meegenomen, waar ze tijdens de kruistochten werden
ontdekt. Bij dit soort taal voelt de Rozenkruiser zich thuis! Tenslotte kan erop worden gewezen dat 1378 het geboortejaar is van
Hiëronymus van Praag, de man die het Hussitisme naar Polen
bracht, wat toen bloedig werd onderdrukt. Vanaf 1580 is Polen
Fausto's vaste verblijfplaats geworden waar hij Hiëronymus' werk
in zekere zin heeft voortgezet. De legendarische Rosenkreuz
sterft op 106-jarige leeftijd en *"zijn licht ging na 120 jaar schijnen"*.
Dat voert ons tot Fausto's sterfjaar in 1604 (1378 + 106 + 120).

7.3 – De seculiere taak van het Convent van Zeven

Tijdens het Convent van Zeven van 1617 vond het zogenaamde
tellen van de volmaakt ingewijden plaats, in een huis dat misschien nog bestaat aan de Schwertfegerstrasse in Magdeburg,
een stad die in 1547 het laatste bastion was dat stand hield
tijdens de Schmalkaldische oorlog, jaar waarin de Lutheraanse
beweging in haar vroege pijnscheuten ten val dreigde te komen.
Een van de zeven, en wel de jongste, was de Moravische broeder en extremist Jan Amos Comenius. Hij was uit hoofde van zijn
ideeën een gezworen vijand van de Habsburgers en de Roomse
Kerk. Omdat in Polen de grond hem te heet onder de voeten
werd, zocht hij een toevlucht in Holland. Hij vestigde zich in
Amsterdam alwaar hij in 1670 stierf. Een van zijn minder bekende
werken is "Lux in Tenebris" dat de visioenen bevat van drie personen uit zijn naaste omgeving. Dit toont duidelijk zijn occulte
belangstelling alsook zijn Luciferaanse symphatiën. Op dit convent beslisten de 'onzichtbaren' zich pas aan de wereld bekend te
zullen maken nadat nog eens honderd jaar verstreken zouden
zijn, in 1717 dus. De beslissingen die tijdens dit convent werden
genomen vindt men in "Themis Aurea" van de hand van Graaf
Michael Maier van Rindsbourg, die de geneesheer van aartsher-
tog en Keizer Rudolf II (†1612) was. Hij was de tweede opvolger

van Fausto. Hij maakt in hoofdstuk IV van dat boek een interessante opmerking: *"Waarheen we ook reizen, we moeten de geneeskunde en de medische verzorging om niet uitoefenen, zonder daarvoor enig loon te krijgen (...) want voor een geneesheer geldt dat wie ziekte behandelt de keizer regeert."* De geneesheer heeft aldus invloed op het politieke besluitvormingsproces.

In 1617 werd besloten om de openbaarmaking van hun beweging via een nog op te zetten organisatie te doen, waarbinnen de werkelijke beweging zich zou kunnen verschuilen als bij een pit in een vrucht. De juiste manier stond nog niet helder voor ogen. In de loop der tijd rijpte het idee een reeds bestaande structuur te gebruiken, die enige aanpassing behoefde om voor de antichristelijke sekte van nut te zijn. De internationale gildevereniging van de rondtrekkende steenhouwers, die zich voor de kerkbouw inzette en in de zeventiende eeuw nog maar weinig emplooi had, nu dat de constructie van grote kathedralen was gestopt, bleek de ideale dekmantel voor deze opzet. En zo gebeurde het dat onder het mom van achtenswaardigheid de Moederloge van Londen zich in 1717 aan de wereld bekend maakte. Het is opmerkelijk dat het woord Loge, zoals een vrijmetselaarsvereniging heet, van het woord 'lodge' is afgeleid, dat schuilhut betekent.

7.4 – Gods Ratio onderworpen aan de oppermacht van de Mens

De oprichting van de Moederloge geschiedde in 1717 ter nagedachtenis aan 1517, toen Luther zijn 95 thesen aan de slotkapel te Wittenberg vastnagelde. Dit stukje papier kan als de geboorteakte van de Protestantse beweging worden beschouwd. In die proclamatie werd ondermeer de aflatenhandel aan de kaak gesteld (het vrijkopen van vagevuurstraffen na de zondeschuldvereffening). De aflatenhandel werd via oneigenlijke middelen ingezet ter financiering van de bouw van de Sint Pietersbasiliek te Rome. Volgens de Rozenkruisers diende nu een andere kathedraal te worden gebouwd via het werk van meesterbouwers die van een geheel ander slag waren. Begrijpelijkerwijs houden de

Lutheranen niet van deze aan hen opgedrongen symboliek, die niet van hun gading is, maar uit de koker van de antichristelijke sekte komt. Zoals altijd ligt de interpretatie van een gebeurtenis in de ogen van de waarnemer. De misstanden, die Luther aanklaagde, waren evident en zouden hoe dan ook zijn rechtgezet. Het essentiële geschilpunt betrof iets anders en Rome begreep wat gaande was. De kwestie had betrekking op de autoriteit van het individu tegenover het goddelijk recht van het pauselijk gezag. De notoire kampioen van de Roomse zaak, Louis Veuillot (†1883), vatte het aldus samen: (Mélanges II-2/185)

> «« Luther ontkende de aanwezigheid hier op aarde van het goddelijk gezag (middels Christus' Kerk op aarde) door het recht op vrij onderzoek af te kondigen waarmee Gods ratio aan de oppermacht van de mens werd onderworpen. Hiermee werd aan ieder individu het vermogen toegekend, of liever gezegd de verplichting, om binnen Bijbelse contouren voor zichzelf een eigen religie te scheppen. (Met dit principe) zette Luther meteen de deur open voor zuiver menselijke godsdienstige (inrichtingen). Omdat de Rede zich het deel toeëigende dat God toebehoort in het moreel bestuur van de mensheid, moest het de enige zedemeester van onze gelovige overtuigingen (en mystieke neigingen) worden, onze leringen, de wetten en onze gebruiken. »»

Het was echter Philipp Melanchton (†1560) die de leerstellige basis legde en de organisatorische structuur voor de praktische toepassing van het Lutheranisme. In tegenstelling tot Luther beschouwde hij de filosofie en andere profane wetenschapstakken als waardevol voor de theologie. Zonder overdrijving kan worden gesteld dat Melanchton een der meest erudiete en intellectueel krachtigste figuren uit zijn tijd was. Hij was tevens de belangrijkste architect van de "Augsburgse Confessie" (1530), die de geloofspunten en de organisatie van de Lutherse geloofsgemeenschap vastlegde, die geenszins een onzichtbare kerk was, zoals

Luther dat meende, maar veeleer een groep van goed opgeleide zielzorgers en catechetisch gevormde gelovigen. Naast talrijke bijbelcommentaren schreef Melanchton een commentaar op Aristoteles, werken over logica, rhetorica, filosofie en wetenschap, en zorgde hij voor de uitgifte van historische documenten. Ook zette hij vernieuwingen in gang van het Duitse onderwijsstelsel.

Philipp Melanchton

7.5 – De opmars van de wetenschap zou hoe dan ook hebben plaatsgevonden

Een van de uitwerkingen van de Reformatie was dat het een impuls gaf aan het wetenschapsonderzoek vanuit het onwankelbare geloof dat het menselijk vernuft alle levensgeheimen vermag te ontsluiten. Er schuilt waarheid in het gezegde dat de moderne wetenschap de erfenis is van de Reformatie, die zelf weer aan het humanisme is ontsproten, maar het is geheel fout om te stellen dat de opmars van de wetenschap niet zonder de Reformatie op gang zou zijn gekomen. Het ware verkieselijk geweest als er een alternatieve route was bewandeld die de mogelijkheid had opengelaten van een tweeledige benadering, waarbij niet enkel de rechten van de mens, maar ook die van God telden, Hij die immers als eerste bediend moet worden.

In deze vroege periode van het wetenschapsonderzoek (16e en 17e eeuw) oefende de Roomse Kerk een remmende invloed uit op de ontwikkeling van de wetenschap, zoals blijkt uit de rehabilitatie door het Vaticaan in 1993 van Galileo Galilei (†1642), die men indertijd dwong zijn verklaring – als zijnde een feit en niet als hypothese – dat de aarde rond de zon trekt, in te trekken. Inderdaad was het toen slechts een hypothese die nog niet bewezen kon worden. Het definitieve bewijs werd pas veel later ontdekt. De Kerk was te veel met haar eigen hervorming bezig en met het riposteren van de Protestantse perikelen, om inschikkelijk te zijn jegens een eigengereide benadering in de wetenschap die het Bijbelse feit leek te weerspreken dat God de zon en maan tijdens de slag van Gibeon had laten stil staan. (Joz. 10) Een lichte verschuiving van de aardas kan hetzelfde effect hebben gesorteerd, maar dat ging toen buiten het begripsvermogen. De meeste wetenschappelijke vernieuwingen kwamen toen uit Protestantse hoek, alhoewel enige opvallende uitzonderingen bestaan in figuren zoals Pierre Gassendi (†1655), een R.-K. priester die een exacte tijdgenoot was van Descartes. Gassendi speelde een cruciale rol bij de heropleving van de theorie dat de wereld uit miniscuul ondeelbare deeltjes bestaat en hij wees het voor die tijd zo typische aristotelisme af.

7.6 – Newton, sleutelfiguur tussen de oude en nieuwe methodiek

Onze verkenning van het ontluiken van de wetenschappelijke geest eindigt bij Isaac Newton (†1727), die als scharnierpunt dient tussen de oude gewoontes en de vroegmoderne wetenschappelijke praktijk, maar hij was geen wetenschapper in de

moderne zin. In de dertiendelige BBC televisieserie: "De Opgang
van de Mens" (1972), legt Dr. Jacob Bronowski uit:

«« Isaac Newton antwoordde altijd in dezelfde termen: *"Ik stel
geen hypotheses"*, waarmee hij bedoelde: 'Ik houd me niet
bezig met metaphysieke speculatie; ik bepaal een wet en
leidt er fenomenen uit af.' (...) Wel, indien Newton een heel
gewone, heel saaie, op de feiten gerichte man was geweest,
zou dit eenvoudig te verklaren zijn geweest. (...) Hij had
werkelijk een zeer uitzonderlijk en wild karakter. Hij beoefende
alchimie. In het geheim schreef hij enorme verhandelingen
over het Boek Openbaring. (...) William Wordsworth heeft in
"De Prelude" een treffende zin: *"Newton, met zijn prismatisch
en zwijgzaam gelaat"*, wat het precies weergeeft en zegt. »»

De econoom John Maynard Keynes (†1946) schrijft in zijn biogra-
fisch essay over Newton:

«« Hij was 'niet' de eerste van de eeuw der rede, de eerste
en grootste van het moderne tijdperk van wetenschappers,
iemand die ons leerde om langs de lijnen van koude en
onvervalste logica te gaan, zoals men hem in de achttiende
eeuw zag. Neen, hij was de laatste van de magiërs, de laatste
van de Babyloniërs en Sumeriërs. (...) Isaac Newton, een
postuum kind dat op Kerstdag 1642 ter wereld kwam, was
het laatste wonderkind aan wie de Wijzen uit het Oosten vol
overgave en met recht hulde zouden hebben gebracht. »»

Niettemin markeert Newton het ontstaan van de wetenschappelijke geest. Zijn grootste bijdrage bestond uit het verduidelijken en
integreren van de prestaties van Galileo, Kepler en Boyle waarbij
hij een aantal regels formuleerde die de basis zouden leggen
voor onze moderne natuurkunde voor een structurele benadering
van het grotere wetenschapsterrein. Newtons richtlijnen verbonden logisch denken aan wetenschappelijke experimentatie. Zijn
optreden viel samen met de ontdekking hier in het Westen van
het wiskundige instrumentarium, zonder welke de moderne we-

tenschap niet van de grond had kunnen komen. De ontdekkings-
reis naar het wiskundig palet omspande een periode van precies
honderd jaar, van 1585 tot en met 1684. Het eerste fundamentele
gereedschap dat werd ontdekt was decimale notatie en het
laatste differentiaalrekening. Gewoonlijk wordt het begin van de
moderne wetenschap in 1686 geplaatst met Newtons uitgave
van de "Principia", waarin hij de kosmologie tot het niveau van
een gedisciplineerde wetenschap verhief. Newtons belangrijkste
gedachte daarin, zo wordt beweerd, was zijn stelling dat de
regels van de natuur universeel toepasbaar zijn, ongeacht plaats
en tijd. Ondergetekende is eerder geneigd het begin van de
moderne wetenschap in 1684 te plaatsen toen Leibniz differentiaalrekening veropenbaarde. Michael White suggereert in zijn
boek "Isaac Newton, de Laatste der Tovenaars" nog een ander
tijdstip dat als het begin van de moderne wetenschap kan worden
aangemerkt:

> «« Indien we het begin van het moderne wetenschappelijke
> tijdperk nauwkeurig willen vaststellen op een exact moment en
> exacte plaats, zou dat 17 april 1676 kunnen zijn in de lokalen
> van de Royal Society, want dat was de dag dat de resultaten
> werden verkregen op basis van een nauwkeurig (door
> Newton) ontworpen experiment. Het 'experimentum crucis'
> bleek een hypothese te bevestigen, het punt aangevend
> waarbij een hypothese werd gewijzigd in een aantoonbare
> theorie. »» ("Newton, the Last Sorcerer", 1997, p.188).

Sedert 1645 bestond er in London een vereniging waar men
discussies hield over de mogelijke werking van de natuur. Hun
inspanningen stonden nog veraf van wat men tegenwoordig wetenschap noemt, of zelfs maar het begin van wetenschap. De
Royal Society is vanuit dit particulier initiatief ontstaan, dat tijdens
de Engelse burgeroorlog nog het Invisible College heette (de onzichtbare school), naam die enerzijds op het verboden karakter
van de samenscholing wees en anderzijds op het alchimisme dat

door haar individuele leden werd bedreven. Zoals we bij het Convent van Zeven zagen, noemden de alchimistische Rozenkruisers, alias de volmaakt ingewijden, zich onder elkaar ook wel 'de onzichtbaren', een codewoord voor alchimisten. Na de restoratie van het Engelse monarchie in 1660 werd het een achtenswaardig college dat bij koninklijk besluit in 1662 werd verheven tot "The Royal Society of London for the Improvement of Natural Knowledge" (De koninklijke vereniging van Londen tot bevordering van de kennis van de natuur). Het is vooral dankzij Newton dat de Royal Society zich aan het odium van middelmatigheid en dilletantisme heeft weten te onttrekken.

Het wiskundige instrumentarium dat zijn plaats heeft binnen een experimentele routine, heeft in die combinatie de basis voor onze moderne wetenschap gelegd. Die routine volgt een zekere logica die door René Descartes uiteen is gezet. Verbonden aan de inductieve methode en systematisering van de wetenschappelijke methode, zoals William Gilbert (†1603) en Francis Bacon (†1626) dat hebben geformuleerd, is het beeld compleet. Van Bacon schijnt het gezegde te komen 'kennis is macht'. Hij verkondigde dat religie niets van doen heeft met de wetenschap, een zienswijze die reeds eerder door de R.-K. Kerk was veroordeeld in haar dispuut met de Averroïsten, die de 'dubbele waarheid' verkondigden van rede en openbaring, terwijl die twee één zijn.

Newton was een vrijdenker net als Jean Désaguliers (†1744) die gedurende vele jaren zijn wetenschapsassistent was. Désaguliers was een Hugenootse predikant en natuurkundige, die de organisator was voor de officiële oprichting van de Vrijmetselarij. Uit hoofde van diens functie – hij was Fausto's achtste opvolger – behoorde hij tot de selecte groep van hoogst ingewijden, die zich eerst Socinianen en later Rozenkruisers noemden. Deze groep beoefende de alchimie in zijn godslasterlijke praktijk. In de decennia die aan de oprichting van de Vrijmetselarij voorafgingen slaagde deze groep erin de gilden van de vrije steenhouwers te infiltreren en deze naar de regels van het Rozencrucianisme om te vormen ...en toen kwam eindelijk het moment om zich aan de wereld te presenteren. We mogen gerust stellen dat Isaac Newton, de vader van de wetenschap, ook Rozenkruiser was. We hoeven daarom niet verbaasd te staan over het rijpingspad dat de wetenschap sindsdien heeft afgelegd.

7.7 – William Gilbert versus Francis Bacon

Gilbert publiceerde in het jaar 1600 "De Magnete", dat het belangrijkste werk over het magnetisme zou blijken te zijn tot aan de vroege negentiende eeuw. Hij kwam daarin voor de allereerste keer tot de conclusie dat de aarde als geheel als een gigantische magneet reageert met zijn polen gelegen in de buurt van de geografische polen. Hij suggereerde ook dat er een vacuüm tussen de planeten bestaat. Het boek was een enorm succes en wordt als het eerste werk beschouwd dat het verband bespreekt tussen magnetisme en electriciteit. Ondanks het algemeen gebruik van nautische compassen begreep niemand van zijn tijdgenoten waarom compasnaalden zich gedroegen zoals ze doen: aantrekking, afstoting, variatie, dip, bipolariteit en de bepaling van de breedtegraad werden empirisch onderkend maar nauwelijks begrepen. In het algemeen kunnen we zeggen dat Gilbert en Bacon de noodzakelijke stappen hebben gezet in de richting van de moderne wetenschappelijke methodologie. Bacon zag niet het volledige potentieel van de wiskundige beschrijving, noch begreep hij de finesses van het formuleren van een hypothese waarvoor geen duidelijke regels bestaan. Het gezegde "kennis is macht" schijnt van hem te zijn. Hij verkondigde dat religie niets met wetenschap van doen heeft, een idee dat reeds door de Kerk was veroordeeld tijdens het dispuut met de Averroïsten die de dubbele waarheid preekten, die van de rede en die van de openbaring, terwijl beide in dezelfde totaliteit passen.

Aan het begin van een wetenschappelijk onderzoek wordt een idee geopperd dat vaak op een geïnspireerd inzicht berust. Dit wordt vervolgens dankzij logisch denken in een voorlopige hypothese vertaald. Dit proces heet de inductieve methode. De praktische consequenties van de hypothese moeten dan wiskundig worden herleid en het idee moet experimenteel worden uitgetest. De opeenvolgende stappen werden in Bacons boek "De Vooruitgang van het Leren" (The Advancement of Learning) uiteengezet, een boek dat in verscheidene opzichten zijn tijd vooruit was. Het is ontzettend jammer dat Bacon zo weinig waardering voor Gilbert had aangezien een zorgvuldige analyse van zijn methode hem voor een aantal fouten had weten te behoeden. Hij weigerde niet alleen te zeggen hoeveel hij aan William Gilbert te danken had maar kleineerde hem ook. Hij schreef in "De Vooruitgang van het Leren":

> «« Mensen hebben de gewoonte om hun overwegingen te infecteren met opinies en leerstellige waandenkbeelden die hun het meest boeien, of met een bepaalde kennis die ze het meest toepassen, waarbij ze al het andere met de kleur van het meest onware en ongepaste doordrenken. (…) Aldus hebben de alchimisten een filosofie gecreëerd op basis van enkele fornuis experimenten, en Gilbert onze landgenoot heeft een filosofie gecreëerd op grond van de waarnemingen van een zeilsteen. »»

Gilbert insisteerde op het gebruik van empirische data in plaats van op oude meningen af te gaan. In "De Magnete" presenteert hij veel laboratoriumexperimenten waarbij hij de lezer aanspoort die te repliceren. Hij veroordeelde sterk de tendens om in mythen te geloven zoals de macht van een magneet om overspel aan te duiden, hij verwierp Aristoteliaanse verklaringen, en hij vond de taal uit om magnetische fenomenen te beschrijven waarbij hij de termen gebruikte van electriciteit, electrische kracht en magnetische pool. Net als Bacon was Gilbert zwak aangaande de toepassing van wiskunde en enige gedachte ten aanzien van mechanische filosofie, maar anders dan bij Bacon is zijn empirisch werk van blijvende waarde gebleken. *"Ten aanzien van de weten-*

schap", schreef Bertrand Russel, *"faalde Bacon op bijna elk punt. De grote ontdekkingen van zijn tijdgenoten werden bijna alle door hem verworpen – zelfs de bloedsomloop die zijn eigen arts had ontdekt, en deze verwerpingen onstonden zeker niet volgens zijn eigen regels voor inductieve logica."* Gilbert drukte zichzelf even beslist uit als naderhand Bacon over de futiliteit om tot kennis van de natuur te komen via zuivere speculatie of dankzij enkele vage experimenten. Hij zegt in het voorwoord van zijn boek: *"Aan u alleen, ware filosofen en knappe geesten, die niet slechts in boeken maar in de dingen zelf naar kennis zoeken, heb ik deze fundamenten van de magnetische wetenschap toegewijd – een nieuwe filosofische stijl."* Zijn werk bevat een serie stapsgewijze nauwkeurige experimenten waarvan elk is ontworpen ter beantwoording van een bepaalde vraag, terwijl de eenvoudiger en duidelijker feiten die zich presenteren en worden onderzocht via ordelijke stadia naar complexere en subtielere conclusies voeren. Gilbert wordt wel *"de eerste echte natuurkundige genoemd en de eerste betrouwbare methodische experimenteerder."* Professor John Lienhard van het departement werktuigbouwkunde aan de Houston universiteit, zegt in zijn audio episode 613:

«« William Gilbert gaf een belangrijke impuls aan de experimentele logica. Meestal krijgt Francis Bacon die eer, maar die schreef daar twintig jaar later over. Gilbert wendde zich af van de oude taal en methoden van de alchimisten. De alchimisten hadden geen goed woord over voor Gilbert. Maar een vrome en jonge Johannes Kepler hield zich met de vraag bezig hoe de Heilige Geest ervoor zorgde dat de planeten bewogen. Hij vond zijn antwoord bij Gilbert: planeten moeten magnetische krachten op elkaar uitoefenen. Gilbert heeft Kepler halfweg naar Newtons zwaartekrachtstheorie geleid. Ook Galileo heeft "De Magnete" gelezen. Hij zei: *"Ik heb de hoogste lof, bewondering en jaloezie [voor Gilbert]."* Het moet gezegd worden dat Galileo meestal niet zo vriendelijk was over andere wetenschappers... »»

(8) Rondzwervingen van de Sociniaanse Alchimisten
(16ᵉ en 17ᵉ eeuw)

Na te hebben besproken hoe de renaissancegeest zijn invloed deed
gelden op de jonge wetenschap, gaan we nu de ideeën bespreken die
op de uiteindelijke wetenschapsbeoefening een diepgaande invloed
hebben gehad. In deze laatste vier hoofdstukken komen de alchimistische premissen aan bod die het keurslijf hebben gevormd van
de huidige generatie wetenschappers en schuld dragen aan zoveel
onfortuinlijke ontwikkelingen die onze samenleving hebben geteisterd. Als we over alchimie spreken, spreken over het Satanisme zoals dat door de hoogst ingewijden bedreven werd. De vervolging van
de deelnemers, die na de beruchte bijeenkomst in 1546 ontstond,
leidde ertoe dat de hoogst ingewijden hun heil elders gingen zoeken.
Polen werd de nieuwe uitvalsbasis, waar ze naderhand Socianianen
werden genoemd (volgelingen van Fausto Socinus). Het funeste denken heeft zich van daaruit over de hele wereld verspreid.

8.1 – De Poolse troon werd het slachtoffer van machinaties

De vervolging van de religieuze dissidenten in de zestiende eeuw
wordt telkens opnieuw als een falen van de Roomse Kerk gezien.
Zij zou zich aan kwezelarij te buiten zijn gegaan en een heksen-
jacht hebben ontketend. Soms zal dat het geval zijn geweest.
Immers, de Kerk als menselijk instituut kent zijn falen. Maar had
zij niet het volste recht zich tegen de aanvallen van gewetenloze
lieden te beschermen wier pijlen het gehele weefsel van de
samenleving dreigden aan te tasten? Hoe ongepast de Kerk van
alle rampen die zich in de zestiende eeuw voordeden de schuld
te geven!

Vanuit een heilig plichtsbesef moest de Kerk zich tegen de Antitrinitariërs of Unitaristen te weer stellen; dat zijn allen die niets
willen weten van de Heilige Drieëenheid. Onder deze vlag verscholen zich de magisch alchimisten, waaronder de Socinianen,
volgelingen van Fausto Socinus. Nadat ze hun ware stiel hadden
ontdekt, werden dezen ook door de Protestanten verafschuwd.
Dezen hielden zich met de vervloekte kunst van magische alchi-

mie bezig en vormden een reëel gevaar. Door een gloeiende haat gedreven, spanden ze onvermoeibaar samen om tot de totale vernietiging van het Westers Christelijk erfgoed te komen, alhoewel ze deden voorkomen dat het alleen de Roomse Kerk betrof. En dit sentiment heerst nog steeds onder hun nazaten. Zo verheugt de vrijmetselaarsorde zich erover dat de militante Islam, nu aan het begin van de een en twintigste eeuw, ons Westers Christelijk erfgoed aanvalt! Ondanks een verscheidenheid aan bewegingen en opvattingen, jagen deze christenhaters allen hetzelfde doel na: de uitroeiing van het zich ontluikende godsrijk op aarde. Een troost is dat het mysterie der wetteloosheid onder de voogdij van de Vrijmetselarij, nu in deze tijd, zijn toppunt lijkt te hebben bereikt en zijn veroordeling nabij is.

Fausto Socinus

De gezagdragers van de zestiende eeuw waren waakzaam. Fausto Socinus' leven liep gevaar. Italië, Frankrijk en Zwitserland waren voor de radicale hervormers gewaagd gebied geworden. Zelfs Protestants Duitsland bleek geen veilig toevluchtsoord. Socinus zag zich genoodzaakt elders een heenkomen te zoeken. Polen leek een goed alternatief. Reeds in 1551 bezocht Lælius Socinus, Fausto's oom, op een van zijn vele reizen Polen. Hij moet gecharmeerd zijn geraakt toen hij ontdekte dat veel van zijn denkbeelden daar onderwerp van gesprek waren, ...zij het niet publiekelijk, want de invloed van de Roomse Kerk was groot. Hij bracht een kort bezoek aan Kraków, de toenmalige hoofdstad van Polen. Daar voelde hij zich thuis want het stond onder bescherming van koningin-moeder Bona Sforza (†1557), die de stad tot een centrum had gemaakt van Italiaanse renaissancecultuur. Zij was van de Milanese Sforza dynastie en steeg op tot Koningin van Polen en Groothertogin van Litouwen. Lælius ontmoette in Kraków een Italiaanse Franciscaan, Francesco Lismanini, die onder zijn invloed geraakte. In 1553 verliet deze de Kerk, en als biechtvader van de koningin adviseerde hij haar hetzelfde te doen, maar dat weigerde zij. In 1557 bezocht Lælius Polen opnieuw, waar hij met gunstbewijzen werd overladen, na aanbevelingsbrieven te hebben overhandigd van ondermeer Calvijn.

Deze gang van zaken was mogelijk omdat de Poolse koning Sigismund II (1548-72) zocht middelen voor een aanpassing van het religieuze landschap langs Protestantse lijnen waarbij hij een andere koers volgde dan zijn voorganger, daartoe aangezet door zijn moeder. De Boheemse Broeders, een zijtak van de Hussitische extremisten, benutten de gunstige gelegenheid. Vanaf het jaar van zijn troonsbestijging vestigden ze zich in Polen. Later verenigden ze zich met de "Eenheid der Tsjechische Broeders", ook wel de Moravische Broeders genoemd. Hun laatste voorman was Comenius, die in 1624 op de leeftijd van 32 jaar naar Polen was uitgeweken. Onder Sigismunds regering konden de Calvinisten hun eerste synode houden, te Slomniki, in 1554, waarvan de meeste bezoekers uit de adel kwamen. Vier jaar later verleende Sigismund totale godsdienstvrijheid aan de Lutheranen, die voornamelijk afkomstig waren uit de middenstand.

Nadat de kinderloze koning in 1572 was gestorven, viel de Poolse troon ten prooi aan intriges, wat in de bekende Pax Dissidentium resulteerde, welke de Protestanten niet alleen vrijheid van godsdienst gaf, maar tevens gelijkberechtiging ten aanzien van de vertegenwoordigers van de Roomse Kerk, ofschoon de wettelijke verhouding tussen edellieden en lijfeigenen onaangetast bleef. Bij zijn troonsbestijging in 1573 voelde zijn opvolger koning Henryc zich genoopt om onder plechtige eed te zweren dat hij de godsdienstvrijheid zou respecteren, een eed waartoe men de zogenaamde Henryciaanse Artikelen had geformuleerd. Dat maakte Polen samen met Transylvanië (Roemenië), dat in 1577 vergelijkbare wetten had aangenomen, tot het meest liberale land ter wereld. Geen wonder dat Fausto in 1580 besloot zich permanent in Polen te gaan vestigen.

8.2 – Fausto's ster steeg in Polen

Fausto trof in Polen een godsdienstige omgeving aan die aan zijn voorkeur beantwoordde. Het terrein was reeds door Lælius en de zijnen verkend, door ondermeer Blandrata, Alciati en Gentilis. Tijdens de Poolse antitrinitarische synodes van 1584 en 1588 steeg Fausto's ster, maar door meningsverschillen werd hij tijdens de eerstvolgende twintig jaar nog niet officieel tot de Poolse Broeders toegelaten. Net als zijn oom, was Fausto vleierig in de omgang en maakte hij dankzij een ruime culturele ontwikkeling snel vrienden. Hij gaf zelden uitdrukking aan zijn diepste gevoelens en bezat een goed luisterend oor. Fausto's aanpak volgde die van zijn oom Lælius, die via officiële brieven naar de mening van vooraanstaande lieden vroeg, zonder zijn eigen overtuigingen op de voorgrond te plaatsen. Pas naderhand nam hij op geslepen terughoudend diplomatieke wijze een positie in die enigszins afweek van die van zijn gesprekspartner, alhoewel botsingen niet altijd voorkomen konden worden. Zo is er een briefwisseling waarin Calvijn zijn gesprekspartner Lælius dreigend waarschuwt op zijn dwaling terug te komen nadat hij iemand die in de gevangenis was geworpen had trachten te verdedigen. Op zijn oude dag verloor Fausto zijn gewoonlijke tact wat hem geen geringe moeilijkheden opleverde. Nadat de Poolse Broeders hem als 'pater familias' hadden aanvaard besloot Fausto een aantal geschriften onder eigen signatuur uit te geven, wat zoveel opschudding veroorzaakte dat universiteitsstudenten zijn woonvertrek binnenstormden en hem halfnaakt in de richting van het stadhuis sleepten, waar zijn boeken, documenten en briefwisseling werden verbrand. Een universiteitsprofessor wist nog net te voorkomen dat hij in de Vistularivier werd gesmeten.

Fausto bleef verbonden met de Poolse Broeders, ook Unitariërs genoemd. Hij nam deel aan hun synodes en werd uiteindelijk hun prominentste theoloog. Zijn voornaamste rol bestond in het bevorderen van de eenwording van de verschillende stromingen onder hen. Pas aan het eind van zijn leven werd hij door de Poolse Broeders tot de gezamenlijke avondmaalsviering toegelaten. Hij kon hierdoor verklaren dat hij nooit leider van een afscheidingsbeweging was geweest en dus geen ketter kon zijn. Wij weten wel beter! Men vroeg hem in 1600 naar Raków te komen, waar hij een leidende rol kreeg en de drukpers van een voortdurende vloed manuscripten voorzag, die in het buitenland gretig aftrek vonden. Niet lang na Fausto's dood in 1604 werden zijn ideeën in hun officiële leer opgenomen en vanaf dat ogenblik noemden ze zich Socinianen. Deze Socinianen, die als groep minder extreem waren dan hun oprichter en na verloop van tijd gematigder werden, moeten apart worden gezien van de extremistische Socinianen die in 1617 de Orde van het Rozenkruis stichtten. De conceptuele verwarring, die dit teweegbracht, was niet onwelkom voor de insiders. Al die tijd ging het hoofdkwartier van de Socinianen te Raków, het Sarmatisch Athene geheten, tot aan 1638 gestaag verder om Europa van geschriften te voorzien, in totaal meer dan 500! Ze werden in het Pools uitgegeven alsook Latijn, Nederlands en Duits, en ze kregen lovende commentaren van mensen als John Locke, John Stuart Mill en Isaac Newton.

8.3 – Het Socinianisme aan de wieg van het liberale rationalisme

De 'officiële' Sociniaanse leer is voortdurend aan verandering onderhevig geweest, zodat we ons met recht kunnen afvragen wat deze leer precies inhield. Er is een groot verschil tussen de heimelijk gekoesterde opvattingen van de leiders van het eerste uur met hetgeen aan de goegemeente werd verklaard, zoals uit de Rakówiaanse Catechismus naar voren komt, die grotendeels door Fausto was opgesteld en pas in 1605 werd uitgegeven, een jaar na zijn dood, en dat eerst in het Pools. Uit de "Catholic Encyclopedia" van 1912 leren we dat de veroordeelde stellingen van Petrus Abelardus (†1142) opmerkelijk genoeg als een voorloper van de vrijdenkerij en het rationalisme kunnen worden beschouwd en daarom model kunnen staan voor de Sociniaanse opvattingen. Hetzelfde geldt voor de Waldenzische ketterij. De door Paus Innocentius III opgestelde geloofsbelijdenis in antwoord daarop kan als een samenvatting van de Sociniaanse dwalingen worden gezien. De eerste formele veroordeling van het Socinianisme (toen nog niet bekend onder die naam) verschijnt in de constitutie van Paus Paulus IX, "Cum Quorundam" geheten, die in 1555 uitkwam. Deze werd in het decreet in 1603 van Paus Clemens VIII bevestigd onder de naam "Dominici Gregis". Daaruit kan worden herleid dat de Socinianen in 1555 en later in 1603 verkondigden dat er géén Heilige Drieëenheid bestaat en dat Christus niet één in wezen is (consubstantieel) met de Vader en de Heilige Geest; dat Hij veeleer door Sint Jozef zou zijn verwekt en dat Christus' Lijden en Dood niet voor onze verlossing dienden, en bovendien: dat de Allerheiligste Maagd noch de Moeder van 'God' was, noch haar maagdelijkheid zou hebben bewaard.

In onze dagen wijden de Unitariërs - die van de Socinianen afstammen - niet veel uit over deze geloofspunten, maar wijzen eerder op hun veronderstelde grote bijdrage aan de samenleving op grond van hun tot het uiterste doorgevoerde opvatting dat godsdienst de regels van de logica moet volgen en religieus tolerant moet zijn. Het idee van de 'absolute' scheiding van kerk en staat (nog zo'n extreme opvatting) – dat zo funest is gebleken voor de maatschappelijke ontwikkelingen – zou bij hen zijn ontstaan. Aan dat laatste hebben Fausto's opvolgers in de kerkelijke beweging, beginnend met John Crell, veel aandacht besteed. Zij gaan er prat op dat het Socinianisme zich in het voorfront van de liberale en rationalistische traditie bevond, die zo kenmerkend was voor het tijdperk van de Verlichting, en zoveel kwaad heeft berokkend, wat allerminst reden tot trots is.

8.4 – Hosius liet geen middel onbeproefd

Zoals we zagen nam het Protestantisme in Polen een hoge vlucht. In 1611 zou nog slechts een kwart van de ongeveer 15 miljoen inwoners Katholiek zijn geweest. De lezer veronderstelt wellicht dat de Roomse Kerk gewillig boog, maar dat was niet zo. Van de vierduizend Katholieke kerken, die zich in Protestantse handen bevonden, kwamen tenslotte vele weer terug. Uiteindelijk heeft het Katholicisme gezegenvierd. In een voor het Katholicisme ongunstig gezind artikel stond het volgende, in feite een compliment: *"Kardinaal Stanislas Hosius (†1579) was als afzonderlijk persoon degeen die het meest heeft bijgedragen aan de nederlaag van de Poolse reformatie."* Hosius was een man van formaat. Petrus Canisius beschreef hem als de eminentste theoloog en beste bisschop van zijn tijd. Maar Hosius was meer. Hij was ook een man van gebed en boete en toonde grote vrijgevigheid jegens de armen. Hosius nam het diocees Ermland over in 1551, drie jaar nadat de progressieve Sigismund de Poolse troon had bestegen. Vanaf het begin besteedde Hosius al zijn energie aan de handhaving van het Katholieke geloof. Hosius' grote belezenheid en ruime ervaring maakten hem de natuurlijke leider van het Poolse episcopaat in de strijd tegen het Protestantisme. In de eerste zeven jaar diende hij de zaak vooral door de publicatie van talrijke polemische geschriften, waarvan de beroemdste zijn (uitgebreide) Confessio Fidei Catholicæ Christianæ is, die aanvankelijk als geloofstest diende. In onberispelijk Latijn plaatst de auteur de hele reeks geloofsstellingen tegenover de afwijkende standpunten van de hervormers; door onweerstaanbare logica toont hij aan dat Katholiciteit strikt genomen identiek is aan het Christendom, waarbij hij zich baseerde op de Heilige Schrift en de patristische literatuur. Dat werk werd zo populair dat hiervan nog tijdens zijn leven 32 edities werden gedrukt. Er zijn ook veel vertalingen verschenen.

Behalve zijn geschriften ter verdediging van het Katholieke geloof zette Hosius zich onvermoeibaar in om medewerking te krijgen van Koning Sigismund en zijn bisschoppen. De Koning was net als de bisschoppen tot weinig actie bereid. In 1558 werd Hosius naar Rome geroepen, maar hij bleef zich voor de zaak inzetten. In 1565, het jaar dat hij kardinaal werd, haalde hij de Jezuïeten naar Polen om daar de godsdienstige opvoeding ter hand te nemen. Dat bleek uiterst gewichtig. Langzaam verspreidde de Jezuïetenorde zich over heel Polen en kreeg zij de beschikking over kerken, ziekenhuizen en scholen.

Nadat Henryc III (Henri van Valois) in 1573 het koningschap had aanvaard, bepleitte kardinaal Hosius bij hem de kwestie van de Pax Dissidentium, die hij als een tegen God gerichte misdadige samenzwering zag en daarom moest worden verbroken. Zonder omwegen adviseerde hij de koning dat de eed zich aan de zogenaamde Henryciaanse Artikelen te onderwerpen in feite een aan ketters gegeven belofte was en dus straffeloos mocht worden geschonden, zelfs zonder priesterlijke absolutie. Er gebeurde echter weinig; amper een jaar na zijn kroning vluchtte Henryc naar Parijs om zijn broer op de troon op te volgen, die kinderloos was gestorven. In Polen werd hij door Stefan Batory (1575-86) opgevolgd.

Vanaf het begin van het bestuur van Stefan Batory lanceerde de Poolse geestelijkheid samen met de Jezuïeten een zorgvuldig geplande campagne tegen het Protestantisme, in het bijzonder tegen het duivelse geïnspireerde Socinianisme. In de loop der tijd werd de strijd steeds heftiger. In 1611, te Wilno, schreeuwde een jonge Italiaan, Franco genaamd, dat de Heilige Eucharistie niets anders was dan afgodendienst. Toen hij deze godslastering weigerde in te trekken, werd hij ter dood veroordeeld, wat uit angst voor onlusten haastig werd uitgevoerd. Ook in 1611, in Bielsk, in wat vermoedelijk een gecoördineerde actie was, werd een Sociniaan, een zekere Jan Tyszkiewicz, ter dood gebracht, omdat hij weigerde in naam van de Heilige Drievuldigheid een eed af te leggen. We behoren voor ogen te houden dat het Socinianisme van zijn leiders duivelsaanbidding was onder de dekmantel van alchimie en dat zij zich als een kameleon in het religieuze landschap voortbewoog. Dat ging ging gepaard met een onverzoenlijke en brandende haat tegen de Roomse Kerk en in het verlengstuk daarvan tegen al wat Christelijk was. Deze haat ontsnapte niet aan de aandacht van de autoriteiten, zij het listig bedekt onder een woordenvloed van geveinsde vroomheid. Het betrof niet slechts een theologisch dispuut, maar het ging veel verder: het ging om het openbaar bestuur. Het ging om macht. Aangezien staat en religie met elkaar waren verweven, zag men het Socinianisme als een aanval op de staat. De Hussitische benden van religieuze fanatiekelingen, die tweehonderd jaar eerder Bohemen onveilig hadden gemaakt en een spoor van vernieling, bloedvergieten en paniek hadden achtergelaten, waren nog lang niet vergeten; ook niet hun plundering van Praag in het jaar 1419. In een totale omkering van waarden is de Hussitische zaak wel geprezen als: *"de heilige zaak van Gods licht en waarheid tegenover de valsheid en de duisternis van de duivel."* Niets is minder waar.

8.5 – De toewijding van Polen aan de Moeder Gods

Tegen het eind van het 45-jarige koningschap van Sigismund III waren de Jezuïeten erin geslaagd toezicht te krijgen over het hele spectrum van het onderwijs, wat de inleiding vormde tot de laatste akte. De koning werd in 1632 door zijn zoon Ladislaus IV opgevolgd. Onder diens regering besloot de senaat tot opheffing van de Sociaanse kerk en tot vernietiging van de school en drukkerij van Raków. Bovendien werd onder dreiging van doodsstraf verboden de school ooit nog te herbouwen. Tijdens deze ontwikkelingen beschuldigde de Katholieke zoon van de bejaarde grondlegger van Raków zijn eigen vader! De Pax Dissidentium werd nochtans pas twintig jaar later herroepen, na beëindiging van de contra-reformatie. Het was zeker niet alleen wegens een meningsverschil dat zo hard werd opgetreden. De Socinianen werden van heiligschennende praktijken beschuldigd. Zo lag op hun drukpers een schandalig vlugschrift met als titel: "Tormentum Throno Trinitatem Deturbans" (het omverhalen van het ellendige marteltuig van de Heilige Drievuldigheid). Het onderzoek startte nadat mensen hadden waargenomen dat leerlingen van de Rakóẇer school op instructie van hun leraar stenen naar een houten kruis wierpen.

De Joden liet men ongemoeid die, zoals ieder weet, niet in de H. Drieëenheid geloven. Zij werden vriendelijk bejegend en hadden hun eigen Yeshiva (school) en drukhuis. In 1632 verbood Ladislaus antisemitische tractaten en in 1633 verbood hij Christenen hun stad Poznan binnen te dringen. Toen Ladislaus stierf had de Joodse bevolking van Polen het aantal van 450.000 bereikt, wat een geschatte 60% uitmaakte van het wereld-Jodendom.

Ladislaus stierf in 1648, vlak voordat een aantal oorlogen uitbraken, die hun hoogtepunt in de Zweedse Zondvloed bereikten, die in 1655 aanving. Het land werd verwoest achtergelaten: een kwart van de bevolking liet het leven. De slachtoffers ontstonden hoofdzakelijk door hongersnood, epidemieën en de wreedheid van huurlingen. De Zweedse Zondvloed had duidelijke ondertonen van een godsdienstig conflict. Het Lutheraanse geloof was in Zweden oppermachtig en botste met de legitieme aanspraken op de Zweedse troon van de in Polen regerende R.-K. koningen.

Er was een merkwaardig incident. Koningin Christina van Zweden (1626-89) moest in 1654 troonsafstand doen na haar bekering tot het Rooms Katholieke geloof. Haar bekering viel zeker niet toe te schrijven aan de zorg van haar mentor, de zuster van de echte rijksbestuurder (toen Christina nog minderjarig was), Kanselier

Axel Graaf Oxenstierna (†1654), die zoals te verwachten een toe-gewijd Lutheraan was.

Oxenstierna's vertrouweling was de Nederlandse ondernemer en wapenhandelaar, de gevierde "vader der Zweedse industrie", baron Lodewijk van Geer (†1652). Zijn huis in Amsterdam lag aan de Keizersgracht 123 en bestaat nog steeds. De zes hoofden tegen de voorgevel van het "huis met de hoofden" vormen een lofrede op het heidendom; ze vertegenwoordigen Apollo, Ceres, Mars, Minerva, Bacchus en Diana. Lodewijk van Geer partici-peerde in het Convent van Zeven te Magdeburg in 1617! Dat-zelfde jaar leende Van Geer een aanzienlijke som gelds aan de Zweedse koning, en sindsdien hielden zij nauw contact. De Grote Adolfus (†1632), koning van Zweden, werd een van de hoofd-spelers in de Dertigjarige Oorlog (1618-48). Ofschoon Oxen-stierna diens betrokkenheid daarin afkeurde, bleef hij de koning uiterst bekwaam bijstaan. Bij aanvang van de Hannibal Oorlog, ook wel de Torstensonoorlog genoemd, rustte Van Geer eigen-handig een zeevloot toe, die in oktober 1644 richting Denemarken voer, wat zijn onmetelijke rijkdom illustreert. Het lijkt onwaar-schijnlijk dat de Zweedse koning van Van Geers Sociniaanse con-nectie afwist. Deze afschuwelijke man, die in 1652 stierf, was een regelrechte oorlogsophitser. Hij vergaarde een immens fortuin dankzij de oorlogen die werden uitgevochten. Dit alles diende niet enkel zijn geldelijk belang, maar gaf ook lucht aan zijn niets ont-ziende haat tegen God en zijn Kerk, die hij vernietigen wilde.

Voorzeker, de Zweedse betrokkenheid bij de Dertigjarige Oorlog berokkende veel schade aan de Rooms Katholieke zaak, en al-hoewel het onwaarschijnlijk is dat de Poolse koning van Van Geers Sociniaanse connectie afwist is het niet geheel onwaar-schijnlijk, want de Roomse Kerk kent haar wegen om achter de waarheid te komen. In het kamp bij Warsaw schijnen de Jezuïe-ten de koning ervan te hebben overtuigd dat het nodig was de Socinianen middels een plechtige eed aan God het land uit te jagen. Ladislaus werd door zijn halfbroer Johan Casimier opgevolgd. De wanhoop nabij deed koning Casimier in het begin van 1656 een plechtige gelofte. Alles leek verloren. In de kathedraal van Lwow (nu Lviv in de Oekraïne) zwoer hij onder plechtige ceremonie en voor het altaar van Onze Genadige Vrouwe, dat hij God trouw zou blijven en Polen Litauen zou toewijden aan het koningschap van de Moeder Gods. Tevens beloofde hij aan de grieven van de verschillende standen tegemoet te komen. Kort nadien herhaalde hij zijn gelofte in het legerkamp bij Warsaw. Ditmaal zwoer hij de Socinianen te verjagen, die als oorzaak werden gezien van het verschrikkelijke onheil dat Polen getroffen had.

Na de behaalde overwinningen nam de koning maatregelen om zijn eed gestand te doen. Om zijn dankbaarheid aan God te betuigen, besloot de senaat op 20 juli 1658 alle Socinianen uit Polen te verdrijven. Na het vredesverdrag met Zweden in mei 1660 keerden beide landen naar hun vooroorlogse grenzen terug. Tevens nam de senaat een wet aan die op straffe des doods de belijdenis of verbreiding van het Socinianisme verbood. Iedere Sociniaan die zich medio juni 1660 nog niet tot het R-K. geloof had bekeerd moest Polen hebben verlaten, wederom op straffe des doods. Er stond uitdrukkelijk vermeld dat deze wet een uitvloeisel was van de plechtige belofte van de koning om Polen aan de Moeder Gods toe te wijden. De aanklacht van 1424 door Vladislav Jagiellon tegen de Hussitische ketters werd als grondslag hiervan aangehaald. Dit verklaart waarom de Socinianen naar Amsterdam vluchtten en daar hun hoofdkwartier vestigden, alhoewel een aantal onder hen naar andere landen uitweek, zoals Noord Amerika, waar ze thans gekend zijn als de Unitariërs.

8.6 – De Sociaanse gesel komt naar Holland toe

Volgens Diana Vaughans autobiografie, deels op Thomas Vaughans dagboeken gebaseerd, besloot deze laatste in 1656, toen hij aan het hoofd van de Rozenkruisers stond, zijn hoofdkwartier naar Amsterdam te verplaatsen. Het geestelijke klimaat in Hol-

land was de beweging gunstiger gezind dan elders – de royalis-
ten in Engeland kwamen steeds meer tegen de macabere Cromwell in opstand zodat Engeland als toevluchtsoord wegviel – en in
Holland zaten reeds veel uit Polen gevluchte Socinianen. In dat-
zelfde jaar begon hij te werken aan de omvangrijke boekenreeks:
"Bibliotheek van de Poolse broeders, ook de Unitariërs genaamd,
waarin alle werkzaamheden van Fausto Socinus uit Siena [en
drie anderen] uiteen worden gezet". Ondanks het tolerante klimaat moest het clandestien worden gedrukt, wat verklaart waarom Amsterdam, waar de drukpers stond, omschreven wordt als:
"Irenopoli, Post annum Domini 1656" (stad van Eirenæus vanaf
1656), of in een ander geval als: "Eleuteropoli: sumtibus Irenæi
Philalethii" (stad van E. Leuthor alias Eugenius Phila-Lethes, uitgegeven door Eirenæus Philalethes). Dit om te verhullen dat Eirenæus Philalethes dezelfde is als de Eugenius, beter gekend als
Thomas Vaughan. Een verwarrende kwestie... waar veel onenig-
heid over bestaat.

Holland stond bekend om zijn tolerantie. Dat is sindsdien haar
waarmerk gebleven. Maar die tolerantie was toch niet grenzeloos.
In het jaar dat Koning Casimier zich plechtig voornam de Socinianen weg te jagen, vaardigden de Hollandse Staten Generaal
een verbod uit op het drukken van Sociniaanse literatuur. In de
volksmond stond Sociniaan gelijk aan ongelovig zijn, wat toen
een serieuze aantijging was. De navolgende ontwikkelingen hebben bewezen dat het verbod niet als een onoverkomenlijke hin-
dernis werd ervaren. Alhoewel de eigenlijke Socinianen in Holland niet zo talrijk waren, drong hun superrationalistische geest in
bredere kringen door, in het bijzonder onder de adel. Op schran-
dere wijze hadden de Socinianen in Helvetius een goede vriend
in hoge kringen gevonden. Hij was 's Lands Doctor die aan het
"Kind van Staat" Willem III was toegewezen, die aan een asth-
matische conditie leed. Ook hadden ze een machtig heerschap
en beschermheer in Raadspensionaris Johan de Witt gevonden,
die hun godslasterlijke overtuigingen deelde.

Raadspensionaris Johan de Witt

Dit betekent nog niet dat iedereen in het land de beweging goed-gezind was. Uit de vermaarde encyclopedie van Pierre Bayle, die in die periode werd uitgegeven, komt naar voren dat de Socini-aanse sekte in heel Europa werd gevreesd. Veel vorsten, zo heette het, zouden de sekte heimelijk steunen en er werd voor-speld dat ze Europa zou overstromen. Bayle weet deze angsten te temperen door op de maatregelen wijzen om zulks te voorko-men. Hij vermeldt dat in 1639, volgend op de maatregelen tegen Raków en op initiatief van de Britse ambassadeur, de Staten van Holland werden ingelicht over de mogelijke komst van Socinia-nen. Hij verhaalt dat vervolgens strenge verordeningen tegen hen werden uitgevaardigd, in het bijzonder in 1653. Een voorbeeld van een edict tegen het Socinianisme dateert uit 1674, die na de Synode van Dordrecht werd uitgegeven.

Hieronder volgt het Edict in het "Groot Placæt Boeck" uit 1683:

Midtsgaders den Praesident ende Raeden over Hollandt ende West Vrieslandt: Alsoo Wy in ervaringe komen, dat t'zedert eenigen tijdt herwaerts verscheyde Sociniaensche ende andere schadelijcke Boecken, met den Druck zijn gemeen gemaeckt, ende noch dagelijcx werden gedivulgeert ende verkocht, als daer zijn de Boecken genaemt de Leviathan, Bibliotheca Fratrum Polonorum, quos unitarios vocant, Philosophia Sacrae Scripturae interpres: als mede Tractatus Theologico Politicus, ende dat Wy naer examinatie van den inhouden van dien bevinden, niet alleen dat de selve renverseren de Leere van de ware Christelijcke Gereformeerde Religie, nemaer oock overvloeyen van alle lasteringen tegens Godt, ende syne Eygenschappen, ende des selfs aenbiddelijcke Drie Eenigheydt, tegens de Godtheydt Jesu Christi, ende syne Ware voldoeninge; midtsgaders de fondamentele Hooft Poincten van de voorschreve Ware Christelijcke Religie, ende in effecte d'authoriteyt van de Heylige Schrifture, t'eenemael soo veel in haer is in vilipendie, en de swacke ende niet wel gefondeerde gemoederen in twijfelinge trachten te brengen, alles directelijck jegens iterative Resolutien ende Placaten van den Lande daer jegens geemaneert. Soo ist, Dat wy tot voorkominge van dit schadelijck Vergift, ende om soo reel mogelijck te beletten, dat daer door niemant en moge werden misleyt, hebben geoordeelt van Onsen plicht de voorsz. Boecken te verklaren soodanigh als voorsz is, ende te decrieren voor Godslasterlijcke en Zielverdeffelijcke Boecken, vol van ongefondeerde en dangereuse stellingen en grouwelen, tot naedeel van de Ware Religie ende Kerchendienst. Verbiedende dienvolgende als noch by desen allen ende een yegelijcken, de selve of diergelijcke te Drucken, divulgeeren ofte verkoopen, op Auctien ofte andersints, op peyne by de Placaten van den Lande, ende specialijck dat van den negenthienden September 1653, daer toe ghestatueert: Lastende een yeder die dit aengaet, hem daer na te reguleren, endedat desen sal worden gepubliceert en alomme geaffigeert, daer het behoort, ende in gelijcke saecken te geschieden gebruyckelijck is. Gegeven onder het Zegel van Justicie hier onder opgedruckt, op den negenthienden Julij, 1674. Onder stondt, In kennisse van My. Was gheteeckent.

De verboden werken uit het Edict van 1674 tegen het Socianisme, te weten: Leviathan, Bibliotheca Fratrum Polonorum en Tractatus Theologico Politicus.

In zijn tijd was "Leviathan" van Thomas Hobbes, dat in 1651 werd gepubliceerd, een der meest invloedrijke geschriften op politiek filosofisch gebied. De auteur beveelt een maatschappelijk sociaal contract aan en geeft regels voor de soevereine staat. Onder invloed van de gevolgen van de Engelse burgeroorlog vatte Thomas Hobbes de absolute monarchie als een minder kwaad op dan chaos en burgeroorlog, wat enigszins kan worden vergeleken met een Darwiniaanse natuurtoestand, bezongen als de *"de oorlog van allen tegen allen"*. Hij ontzegde elk recht op verzet tegen het sociaal contract, een idee dat door de politieke filosoof John Locke zou worden overgenomen, hetgeen riekt naar absolute staatsdictatuur.

Bibliotheca Fratrum Polonorum (BFP) is een groot werk met tractaten over de Sociniaanse beweging in de tijd dat zij in Polen verbleef. De acht delen (soms zes of tien) werden tussen 1665 en 1668 in Amsterdam gedrukt. Dit was mogelijk omdat Helvetius als lijfarts van Willem III een invloedrijke beschermheer van het Socinianisme was geworden – volgens het gezegde dat wie ziekte behandelt de keizer regeert. Helvetius werd tot de godslasterlijke overtuigingen van het Socianisme bekeerd nadat het toenmalige hoofd van deze beweging hem de waarde van magische alchimie had gedemonstreerd, wat in de winter van 1666-67 gebeurde en in zijn boek "Vitilus Auræus" (het Gouden Kalf) is beschreven. Het bovenstaande Edict dateert uit 1674.

Comenius' « Lux in Tenebris » en zijn « Lux 'e' Tenebris » hadden ook in het Edict moeten voorkomen. Het eerste boek werd in zeer beperkte oplage in 1657 in Amsterdam gepubliceerd. Waarschijnlijk is dit exemplaar aan de aandacht van de autoriteiten ontsnapt. De uitgebreide versie werd in een veel grotere oplage acht jaar later gedrukt. Toch werd Comenius niet als een Sociniaan gezien dankzij publicaties van door hem geschreven anti-Sociniaanse tractaten, wat in de periode van 1659 tot '62 plaatsvond, die ontwijfelbaar waren bedoeld om zijn sporen te wissen.

Het zij vermeld te dat Willem III 'Kind van Staat' was tot aan 1667. Zijn vader stierf in 1650, een week voordat hij werd geboren. In juli 1667 werd de Akte van Harmonie aangenomen, die later gekend zou zijn als het Eeuwig Edict, waarmee de Staten van Holland – op instigatie van Johan de Witt en zijn oom Andries de Graeff – besloten tot 'eeuwige' afschaffing van het stadhouderschap. Het Eeuwig Edict was een uitwerking van de Akte van Seclusie, die Johan de Witt in het geheim met Cromwell had gesloten, reeds in 1654. De republiek onder Johan de Witt kwam tot een bruusk einde in het rampjaar 1672, toen het volk, zijnde reddeloos, radeloos en redeloos, om Oranje riep. Dat jaar werd Willem van Oranje stadhouder. De seclusie bleek van korte duur.

Het "Tractatus Theologico Politicus" van Benedictus Spinoza (door het Jodendom in 1656 geëxcommuniceerd, toen hij nog Baruch Spinoza heette) werd in 1670 anoniem uitgegeven onder het beschermheerschap van Johan de Witt. Het werd aanvankelijk goed ontvangen, maar na de lynchpartij in 1672 op Johan de Witt, hield de politieke steun voor dit tractaat op. Hierin verkondigde Spinoza zijn meest systematische kritiek op het Jodendom en de georganiseerde godsdienst in het algemeen. Hij verwierp de opvatting dat zaken zouden kunnen bestaan als profetie en het bovennatuurlijke. Hij betoogde dat God enkel handelt via de natuurkundige wetten van zijn 'eigen natuur' en was categorisch in zijn afwijzing dat God enig doel voor ogen zou hebben.

(9) Het Alchimistisch Verband
(17ᵉ eeuw)

Dit is het tweede hoofdstuk over het alchimistisch verband. In dit hoofdstuk wordt verwevenheid aangetoond tussen alchimie, magie en duivelsaanbidding en geven we aan hoe dit bij grote mannen als Spinoza een rol heeft gespeeld. Dat dezen zich enkel en alleen door de rede lieten leiden is bezijden de waarheid. Dat is een belangrijke constatering, want zij die zich met magische alchimie inlieten zijn de grondleggers van onze moderne wetenschap geworden. Daarom zetten we hier het reilen en zeilen van de zogeheten Sociniaans alchimisten in de schijnwerpers, nadat ze Polen uit waren gevlucht. Om de cirkel rond te maken wordt in de navolgende hoofdstukken gekeken hoe alchimie in wetenschap is gemuteerd.

9.1 – Hoe Helvetius een achtenswaardig broeder werd

Helvetius, ook wel gekend onder de naam Johann-Friedrich Schweitzer, stond vanaf 1693 tot aan zijn dood in 1709 aan het hoofd van Rozenkruisbeweging. Hij woonde in Den Haag en was daar gedurende vele jaren de lijfarts van Willem van Oranje, de postuum geboren oranjetelg: het Kind van Staat. Hij droeg de titel van 's Lands doctor, alzo benoemd door de Staten Generaal. Hij was een verstandig en praktisch ingesteld man en dreef de spot met alchimie en ieder andere toverkunst. Hij was auteur van medische- en botanische boeken en stond bekend om zijn nauwkeurige en objectieve waarnemingen. In 1650 gaf hij te Frankfurt "De Alchymia" uit, dat wrakhout maakte van de alchimistische speurtocht. Enkele jaren later vond hij het opportuun de befaamde Engelse alchimist en Rozenkruiser, Sir Kenelm Digby (†1665) fel te bekritiseren en zijn *"sympathische poeder"* in het belachelijke te trekken. Het is daarom uiterst merkwaardig dat Helvetius aanhanger werd van deze praktijk. Wat bracht hem ertoe van mening te veranderen? In zijn "Vitulus Aureus" (het Gouden Kalf) uit 1667 verhaalt Helvetius hoe hij in de magische alchimie werd ingewijd door een zwartharig slordig geklede vreemdeling, die hem in het duister van een ijskoude decembernacht met een onverwachts bezoek vereerde. De kalender wees 1666 aan. Hij bleef niet lang onbekend, maar toch wil Helvetius zijn naam niet prijsgeven. Hij beschrijft hem als een veertiger van gemiddelde lengte, met een klein langgerekt gezicht en gladde kin. Men heeft geopperd dat deze vreemdeling de vermaarde alchimist Eirenæus Philalethes was, beter gekend als Thomas Vaughan. De vreemdeling bleek de meester zelf te zijn, zo heeft Vaughan dit zelf in zijn dagboek opgetekend. Om sporen uit te wissen beweert Helvetius dat de vreemdeling in Noord Holland was geboren. Zijn geboorteland was Wales, maar hij 'kwam' uit Amsterdam dat natuurlijk in Noord Holland ligt.

IOHANNES FRIDERICUS HELVETIUS,
ANHALTINUS COTHÖNENSIS DOCTOR *et9j*
Practicus Medicinæ HAGA. COMITIS *Æt 30 d'co*
Contra vim Mortis est panacea. Pater Iesu mea Sor

Thomas Vaughan was een invloedrijk man. Hij wordt terecht als de grondlegger van de Vrijmetselarij gezien. Vanaf 1640 moedigde hij de toetreding aan van Rozenkruisers tot de steenhouwersgilden. Later kwam het tot een planmatiger infiltratie met het oog op de transformatie en machtstoeëigening van de oorspronkelijke gilden in de zin van het Sociniaans ideaal. Het zij vermeld dat de onze moderne Rozenkruisverenigingen niet rechtstreeks van de oude beweging afstammen. Na de gedaantewisseling van de steenhouwersgilden door de Rozenkruisers verloor het zijn bestaansgrond en het werd opgeheven nadat zijn laatste hoofd Johan Wolff in 1780 was overleden. Rozenkruisverenigingen zijn later opnieuw gesticht en zijn dus niet Sociniaans, alhoewel er belangrijke punten van overeenkomst zijn. Thomas Vaughan was degeen die in de periode van 1646 tot 1650 samen met zijn *"achtenswaardige broeder"* Elias Ashmole (1617-1692), de eerste inwijdingsriten voor *"aangenomen Vrijmetselaars"* ontwierp, voor hen die als secundaire leden waren toegetreden en het steenhouwersvak niet verstonden, de niet-operatieven later 'speculatieven' genaamd (omdat zij wijsgerige, zeg maar heidense bespiegelingen hielden). Dezen, zo bedacht Vaughan, hadden behoefte aan rituelen gelijkend op die der ambachtslieden, de operatieven. Daarin speelt de afschuwelijke "Legende van Hiram Abiff" een sleutelrol, een Joodse legende die door Ashmole was ontdekt tijdens zijn lessen bij rabbijn Salomon Franck. Deze was destijds door Jonathan ben Uziel bedacht, die zitting had in het Sanhedrin dat onze Heer en Redder veroordeelde.

Zo kon gebeuren dat Helvetius' woning een centrum van de alchimistische wereld werd, waar enthousiastelingen vanuit alle Europese hoeken samenstroomden. Spinoza, de grote scepticus, was dankzij Helvetius, die hij goed kende, van de waarde van magische alchimie overtuigd geraakt. Niets duidt erop, dat Spinoza tot de volmaakt ingewijden behoorde, alhoewel hij nauwe banden met hen onderhield en hij veel van hun godslasterlijke meningen deelde. Nochtans wordt hij in Nederland hooggeacht; als huldeblijk werd zijn afbeelding op de duizend-gulden-biljetten afgebeeld, die direct na de Tweede Wereldoorlog in omloop kwamen.

9.2 – Duivelse Listen

Alleen in het cenakel van de 'volmaakt ingewijden' wist men dat 'magische' alchimie bestond uit de aanbidding van Satan en diens werken. Toch hadden de gezagsdragers in verscheidene landen reden te vermoeden dat alchimie niet zomaar een onschuldig tijdverdrijf was. Transmutatie – het veranderen van lood in goud – werd als een halsmisdaad gezien. Iemand die 100% puur goud wilde verhandelen liep gevaar te worden gearresteerd, want toen-

Elias Ashmole

dertijd had men nog niet de middelen om goud zo zuiver te maken. Voor het zelf legeren van goud, wat vaak voor muntstukken diende, en waarvan de details geheim waren, stond de doodstraf. Het legeren van goud bood daarom geen uitkomst. Vaughan verhaalt hoe ontdekt werd dat hij zijn goud met magische methoden had vervaardigd vanwege de buitengewone zuiverheid ervan, en dat hij het edel metaal bij de goudhandelaar moest achterlaten om verdere moeilijkheden te voorkomen. Het kan niet anders dat Helvetius, die de uiteindelijke leider werd van de Rozenkruisbeweging, een volmaakt ingewijde was. In die functie moet hij de afgodische praktijk hebben gekend waardoor transmutatie ontstond. Deze praktijk schijnt nog steeds te bestaan.

Ondergetekende gelooft niet in transmutatie door lood in vuur te werpen, maar gelooft wel in duivelse listen. Lucifer bezit de macht tot misleiding voor hen die dat toekomt. Om op het pad van verderf waardig bevonden te worden is vasthoudendheid nodig. Het lijdt geen twijfel dat alle volmaakt ingewijden zich hier totaal aan hadden overgeleverd en hevig naar de duivelse bezetenheid verlangden. En dat waren ze: bezetenen! We zouden de waarschuwing van de heilige apostel Paulus ter harte mogen nemen in zijn brief aan de Efesiers 6:10-12:

«« Tenslotte, broeders, weest sterk in de Heer en in Zijn sterke kracht! Legt de wapenrusting Gods aan om stand te houden tegen de listen van de duivel! Want wij strijden niet tegen vlees en bloed, maar veeleer tegen heerschappijen en machten, tegen wereldheersers van deze duisternis en tegen de boze geesten in de lucht. »»

Het lijkt ongeloofwaardig dat aan Lucifer de macht zou zijn verleend om de transmutatie van een basismetaal naar goud te doen, maar het is toch niet onbijbels. Luister maar naar 2 Thessalonicenzen 2:6-12:

«« En nu weet u wat hem tegenhoudt, zodat hij zich eerst in zijn eigen tijd zal openbaren. Zeker, het mysterie der ongerechtigheid is al aan het werk; maar er is er nog een die het tegenhoudt (de smetteloze Kerk, het zout der aarde). Pas als deze verdwenen zal zijn (door vervalsing van de juiste leer, wat de gruwel der verwoesting is waarvan de profeet Daniël spreekt), pas dan zal de goddeloze verschijnen (Lucifers acoliet), en deze zal de Heer Jezus vernietigen door de (scheppende) adem van zijn mond (in het uiten van woorden van waarheid), en hem vernietigen zal door de glans van zijn komst. Diens verschijning zal als een werk van Satan gebeuren, met allerlei valse kracht, tekenen en wonderen, en met allerlei misdadige misleiding voor hen die ten gronde gaan, omdat ze geen liefde voor de waarheid hebben gehad tot hun redding. En daarom zendt God hen een kracht van misleiding, waardoor ze de leugen geloven, opdat allen zouden veroordeeld worden die de waarheid niet hebben geloofd maar behagen hadden in de ongerechtigheid. »».

9.3 – De gezagdragers werden steeds wantrouwender

Alchimie nam in de wereldstad Alexandrië een herkenbare vorm aan doorheen een veelheid van culturen en invloeden, maar was geen deel van de middeleeuwse beschaving hier in het Westen. De toepassing en kennis van alchimie kwamen naar het Westen met een stroom van in het Latijn vertaalde Arabische werken, wat in het midden van de twaalfde eeuw een aanvang nam. Een werk van bijzonder belang is: "De congelatione et conglutinatione lepidum", in een vertaling ontleend aan Avicennas "Boek der Genezing". Daarin wordt beweerd dat een transmutatie van metalen in principe onmogelijk is (de wijziging van een metaal in een ander, zoals lood in goud), een opvatting die St. Albertus Magnus O.P. in zijn "De Mineralibus" vertolkte. Het is evident dat beide geleerden een bepaalde vorm van transmutatie binnen het natuurlijke bereik mogelijk achtten, die echter ontoegankelijk is vanuit het menselijk domein. Nicolaas Weill Parot legt Roger Bacons (†1292) standpunt uit, dat in zijn authentieke werken hier enigszins van afwijkt. In diens Scientia Experimentalis stelt deze pater dat de experimentele routine een prachtig middel is tegen de bedrieglijke toverkunst van de Antichrist. Een zeer verstandige benadering! Bacon tracht te zeggen: ja, magie is mogelijk, maar is verboden terrein. Omdat ook het magisch handelen uitgaat van de mogelijkheden die in de natuurlijke orde verborgen liggen, is de demarcatie tussen magie en het alledaagse nogal moeilijk te trekken. Bacon had volledig gelijk dat de experimentele routine, gebaseerd op herhaalde en nauwkeurige waarnemingen, bescherming biedt tegen het verbodene, het vaag-geestelijke, dat op de naïeve geest een enorme aantrekkingskracht uitoefent.

Vanaf de veertiende eeuw begon het aantal alchimistische publicaties sterk toe te nemen, ondanks dat reeds in de dertiende eeuw verscheidene kloosterorden deze praktijk hadden verboden en de kerkelijke en wereldlijke gezagsdragers dienaangaande steeds wantrouwiger werden. Soms werden harde maatregelen getroffen om de trend te stoppen. Gewoonlijk waren alchimisten niet bij Satanisme betrokken, zeker niet in de beginstadia. Meestal verwoestten ze hun eigen leven of dat van anderen als ze over een te ruime beurs beschikten en zo slachtoffer van bedrog werden; het geld werd dan aan dure hersenschimmen besteed. Als Satanisme meespeelde bij de "aura sacra famis" (de afschuwelijke dorst naar goud), was het meestal klungelig. De 'volmaakt ingewijde' Elias Ashmole vergelijkt deze dilettanten met zwijnen die de toverkunst schaamteloos binnenstormen en gebruik makend van de duivel *"bootsen ze de bewonderenswaardige wijsheid van de magiërs na en bevuilen die, want het verschil tussen deze twee is even groot als tussen engelen en demonen."* In een omkering van waarden noemen Satanisten demonen goede geesten en engelen of maleachen boze geesten! Ashmole ontkent niet dat magische alchimie bestaat, maar benadrukt dat dit niet moet worden verward met de verachterlijke broodwinning van goochelaars, tovenaars en heksen.

DE LEGENDE VAN HIRAM ABIFF
– TYPE VAN DE ANTICHRIST –

De vooraanstaande figuur in de Vrijmetselarij is ongetwijfeld de zoon van de weduwnaar die onder de leden van het genootschap gekend is onder de wat duistere naam Hiram Abiff. Hij beheerst het ritueel waarin de leerling een derdegraads meester wordt. Uiterst merkwaardig is dat noch de leerling noch zijn mede-werklieden iets van hem weten dat als basis dient voor het protocol. Zelfs de meeste Vrijmetselaars van de hogere echelons kennen nauwelijks de precieze betekenis van het ritueel. Slechts wie in de loop der tijd de juiste gezindheid aan de dag heeft gelegd wordt vergund een glimp op te vangen, en wellicht meer, van de werkelijke betekenis van de verschillende handelingen. Die gaan wij hier voor u uitleggen om u kennis te laten maken met een van de grootste geheimen binnen de Vrijmetselarij. U dient te beseffen dat de Vrijmetselarij in stricte zin geen geheime organisatie is: van veel individuen is geweten dat zij daar lid van zijn en hun tempels zijn gewoon bekend. Het geheim ligt geborgen in hun ware doelstellingen en die zijn slechts bekend aan een exclusief gezelschap binnen de organisatie zelf – minder dan één op de honderd is daartoe ingewijd.

Hiram is een bekend Bijbels figuur. Volgens 1 Koningen 5:6 zendt Koning Salomon boodschappers naar Hiram, de koning van Tyrus, om deze potentaat te laten weten dat hij in Jeruzalem de Tempel wil bouwen die als enige tempel voor gans Israël zal dienen. Het moest dus iets groots worden. Hij vraagt Hiram materiaal en manschappen te leveren voor de uitvoering van het werk. In 1 Koningen 7:13-45 staat dat Hiram, de zoon van een weduwnaar van de stam Naftali, naar Jeruzalem ging om dat werk te doen. Zijn vader was een bronswerker die de vereiste wijsheid en het inzicht en vakmanschap bezat. Hij maakte allerlei bronzen voorwerpen voor de Tempel waaronder twee forse zuilen die Jachin en Boaz werden genoemd. Daarvan staan in iedere vrijmetselaarstempel replica's, maar dat heeft nu niet onze aandacht. Tot zover het Bijbels relaas.

Op deze magere basis creëerde de Joodse mondelinge traditie een vreemde legende die door Elias Ashmole en Thomas Vaughan werden ingebracht in het vrijmetselaarsritueel. In die legende staat dat Salomons belangrijkste verzoek was om een hoog getalenteerde vakman te sturen: *"Stuur mij nu iemand die bedreven is in goudwerk, maar ook in de bewerking van zilver, brons en ijzer, in de toepassing van dieppaars en karmozijnrood en koningsblauw en die in staat is om met de vakmensen samen te werken die hier bij mij in Judeah en Jeruzalem zijn."* De Orde beweert dat Hiram Abiff de hoofdarchitect van het project was die op al het werk toezicht hield. Het is frappant dat ze God "de Grote Architect" plegen te noemen, maar een architect in tegenstelling tot God creëert niks maar werkt met het reeds aanwezige materiaal dat hij creatief aanwendt. A.·.G.·.D.·.G.·.A.·.D.·.U.·. is een veel gebruikte vrijmetselaarsleus, wat staat voor: "A la Gloire Du Grand Architecte De l'Univers", of "Breng hulde aan de Grote Architect van het universum". De Orde associeert Hiram Abiff met twee andere figuren: Koning Hiram van Tyrus en Koning Salomon van Israël, als tegenbeeld op God de Zoon, God de Vader en God de Heilige Geest. Men zegt dat deze drie de meest verheven personen in de vrijmetselaarswereld zijn en dat de ultieme geheimen door een grootmeester aan hun waren geopenbaard of dat ze die zelf hadden ontdekt. Aan niemand mochten die zonder hun gezamenlijke toestemming worden doorverteld. Er waren meer dan genoeg meesterbouwers op de werf, maar blijkbaar werd niemand waardig bevonden om de geheimen en mysteries te kennen van de allerhoogste en sublieme graad. Deswege waren de drie nieuwschierige gildegenoten, die de verborgen kennis wilden bemachtigen, wel genoodzaakt zich tot een van de drie grootmeesters te wenden. Ze kozen Hiram Abiff uit, maar toen die weigerde zijn kennis mee te delen, vermoordden de drie schavuiten hem op de brute wijze zoals beschreven in de vrijmetselaarstraditie.

Volgens een opmerkelijke uitleg verbeeldt Koning Salomon Gods rijk op aarde via het koningschap bij de gratie Gods. Hij kent het geheim, maar wil de alleenheerschappij. In de Maçonieke filosofie is Salomon een verachterlijk misgeboorte, net als de koning van Frankrijk, Lodewijk XVI, die tijdens de Franse Revolutie schandalig is omgebracht. Het is duidelijk dat Lucifer zijn heerschappij aan een betere kandidaat dan Salomon wil schenken, of om het even welke gezalfde vorst (de zalving van de H. Geest). Zonder Salomons jaloers gekonkel, zo gaat de legende, zou de moord nooit zijn gebeurd. En daarom krijsen ze: "WRAAK, WRAAK!"

De Bijbelse Hiram, die Koning Salomon bijstond met de bouw van de Tempel, was de eerste vorst van het glorieuze Tyrus. In het vrijmetselaarsritueel dient het woord 'hiram' als een code voor de gevallen engel Lucifer of voor zijn adjudant de Antichrist die in deze termen worden beschreven in Ezechiël 28:1-19:

> «« Het woord van Jahweh werd tot de profeet Ezechiël gericht: Mensenkind, u moet tot de Prins van Tyrus zeggen (Hiram Abiff c.q. de Antichrist): Zo spreekt Jahweh, de Heer! Uw hart was hoogmoedig. U hebt gemeend: "Ik ben een god! Een godenwoning bezit ik in het midden der zee!" En hoewel u maar een mens zijt, geen god, verbeeldt u zich God te zijn en wijzer dan Daniël, zodat geen geheim voor u verborgen blijft. Door uw wijsheid en inzicht hebt u vermogen verworven en goud en zilver in uw schatkamers opgestapeld. Omdat u zoveel verstand had van handel hebt u uw bezit vergroot, maar door uw rijkdom bent u hoogmoedig geworden. Daarom zegt Jahweh de Heer: Omdat u zich inbeeldt een god te zijn laat Ik vreemden op u los, de meest barbaarse volken. Die zullen hun zwaarden uittrekken tegen uw heerlijke wijsheid en uw luister besmeuren. In de groeve werpen ze u neer. In volle zee zult u worden verslagen en sterven. Zult u als u voor uw beulen staat nog roepen: "Ik ben god!", terwijl u slechts een mens zijt, geen god. Zult u dat nog roepen in de handen van uw moordenaars? De dood der onbesnedenen zul je sterven,

geveld door de handen van vreemden! Waarachtig, Ik heb het gezegd, zo luidt de godsspraak van Jahweh!

Wederom werd het woord van Jahweh tot mij gericht: Mensenkind, u moet over de Koning van Tyrus (Koning Hiram c.q. Lucifer) een klaaglied aanheffen, en tot hem zeggen: Zo spreekt Jahweh, de Heer! U was de keur der schepping, van wijsheid vervuld en van een volmaakte schoonheid. U bevond zich in Eden, de godentuin. Uw gewaad was met allerlei kostbare stenen bezet: robijn, topaas, jaspis, chrysoliet, onyx, jaspis, saffier, karbonkel, in goud gevat en gekast. Die werden u opgezet op de dag van uw creatie. Een cherub met uitgespreide vleugels had Ik u tot schutse gegeven. U woonde op de heilige godenberg en wandelde tussen vurige stenen. U was onberispelijk sinds de dag van uw creatie totdat u zondigde en op onrecht werd betrapt, want u had zich door uw uitgebreide handel een vuile winst verworven. Daarom heb Ik u onteerd en van de heilige godenberg verdreven en heeft de beschermende cherub u uit het midden van de vurige stenen verjaagd. Uw hart was trots op uw pracht. Uw wijsheid hebt u vergooid om uw luister. Daarom heb Ik u ter aarde geworpen, u voor het gezicht van koningen te kijk gezet. Door uw grote schuld en slechte praktijken hebt u uw heiligdommen ontwijd. Daarom riep Ik een vuur uit u op dat u verteerde en legde Ik u in as op aarde voor de ogen van allen die u zagen. Allen die u kenden onder de volken zijn om u met stomheid geslagen. Een spookbeeld zijt ge geworden, verdwenen voor eeuwig! »»

Hiram, Koning van Tyrus, is een typos van de koning der koningen. Wie anders dan Lucifer? Hiram Abiff, de zoon van de Koning van Tyrus, die door de schavuiten werd vermoord, is het typos van de geliefde zoon in dienst van Lucifer. Deze adjudant kreeg zo'n hoge status dat hij zichzelf de Grote Architect mocht noemen. In het ritueel vertegenwoordigt hij de Antichrist. Dat zal een politiek figuur zijn die door een geestelijk leider wordt gesteund, de antipaus, in het Boek Openbaring de Valse Profeet genoemd. Het hoofd van de wereldwijde Maçonieke beweging noemt zichzelf pompeus de Soevereine Pontifex van de Orde van Hiram. Kan iemand nog dieper zinken?

De antichristelijke heerschappij van Koning Hiram en Hiram Abiff en hun achterban is gebaseerd op de drievoudige alliantie van ketterij, schisma en occultisme (satanisme), wat wordt verzinnebeeld door de vrijmetselaarstempel van Jeruzalem. Deze drie termen passen ook bij een eerdere constructie gekend als de Toren van Babel. De vrijmetselaarstempel, waar door alle tijden aan is gewerkt, staat voor de ijver en organisatie van velen in hun betrokkenheid bij de totstandkoming van het kwade rijk. Derhalve is het werk aan de Tempel een soort herbouw van de Toren van Babel. Nog altijd reikt dit antimodel met zijn punt tot in de hemel waar het met alles de spot drijft dat van God is. Wie zich voor het ideaal van dat kwade rijk inzet schaart zich achter de opstand tegen God. Vreemd genoeg is het een opstand waar vele aanhangers met de allerbeste bedoelingen toe gedreven zijn. Mensen kunnen in naam van God de meest verschrikkelijke dingen doen. Slechts weinigen willen toegeven wie ze werkelijk zijn...

In de ceremonie tot de derdegraads verheffing, waarvan sprake was aan het begin van dit artikel, rijst Hiram Abiff, die door de schavuiten was vermoord, uit de dood op. Voordat de lijkkist wordt geopend, van waaruit de verrijzenis plaatsvindt, roept de zeer eerbiedwaardige ceremoniemeester: **Mac Benac!**, hetgeen betekent "het vlees verlaat de botten", volgens het bejubelde principe dat via ontbinding reconstructie ontstaat; of, anders gesteld: dat een revolutie, zoals die van de Franse Revolutie, de noodzakelijk voorwaarden schept om tot vernieuwing te komen. M.·.A.·.C.·.B.·.E.·.N.·.A.·.C.·. staat als een acroniem voor: "Movebor Adversus Christum Bellum Eternum Nam Antichristus Consurrexit", ofwel "Ik zal een eeuwige oorlog tegen Christus voeren omdat de Antichrist hier is opgestaan". Dus als de postulant zich tijdens de initiatie in de lijkkist uitstrekt waar hij meester Hiram vertegenwoordigt, dan komt niet alleen de gedachte bij hem op dat de dood verkieselijk is boven verraad van het Maçonieke 'ideaal', maar het doet ook de leden van het broederschap beseffen dat iemand die voor het rijk van Satan werkt erop hopen mag dat hij op zekere dag als een waardig broeder in de Grote Loge daar-boven zal worden opgenomen, waar de Grote Architect van de wereld zich boven God de Schepper verheft en ook boven het aardse koningschap bij de gratie Gods. Dit is de reden waarom H.·.I.·.R.·.A.·.M.·. betekent: "Hic lacet Rex Adventurus Mundi", of "In deze lijkkist slaapt de komende koning van deze wereld".

Het plot is slechts een andere versie van de Osiris en Isis legen-de. De zoektocht naar Hirams lichaam; het onderzoek dat een passerend deskundige doet die daarmee bewijsmateriaal ver-gaart; het gaan zitten van een van de leden die zichzelf verfrist, en de aanwijzing van een twijgje dat op het graf ligt; het ontbin-dende stinkende lichaam van Hiram, dat voordat het gevonden werd veertien dagen in het graf lag, dat de moordenaars hadden gemaakt. Al deze elementen verwijzen naar de allegorie van Osi-ris die in veertien stukken werd gesneden. Zelfs hoe Hirams graf wordt ontdekt, waar groen mos en turf op ligt, komt overeen met hoe Isis de kist van Osiris ontdekte.

Veel van de uitgebreide ceremonie heeft een nauwe relatie met de oude zonneverering. In de legende van Osiris vonden de auteurs iets dat perfect bij hun schema paste. Hiram moest Osiris voorstellen, of de zon, het glorieuze lichtpunt van de dag. De drie gildebroeders worden als de initiatie vordert aan de ingangen geplaatst van het oosten, zuiden en westen, en dat komt overeen met de regio's waar vandaan de zon schijnt. Twaalf personen spelen een belangrijke rol in deze tragedie, een aantal dat naar de twaalf tekens van de zodiac verwijst. De suggestie is gedaan dat de drie moordenaars de drie lagere tekens symboliseren van de winter: Libra, Scorpio, and Sagittarius. De zon gaat in het westen onder en het is bij de westpoort dat Hiram wordt vermoord. De acacia, die de nieuwe vegetatie voorstelt die opkomt als gevolg van de herrijzenis van de zon, beantwoordt aan een symbolisme dat in veel oude zonne-allegorieën voorkomt, en dat heeft daarom makkelijk een plaats heeft verworven in het ritueal van de Vrijmetselarij. Volgens een beschrijving werd het vermoorde lichaam op de zevende dag ontdekt. Dit kan opnieuw verwijzen naar de herrijzenis van de zon, hetgeen metterdaad in de zevende maand plaatsvindt nadat zij door de lagere tekens is gegaan, een passage die eertijds de nederdaling ter helle heette.

(10) Het Trojaans Paard der Wetenschap
(16e en 17^e eeuw)

Dit is het derde hoofdstuk over het verband tussen alchimie en de wetenschap zoals het tot ontwikkeling is gekomen. Als we over Satanisme spreken, spreken we ook over de Vrijmetselarij, waar dit nog altijd in sommige kringen bon ton is. In tegenstelling tot wat men zou verwachten gaat Satanisme vaak samen met de superrationalistische en materialistische geest; dat is nu juist die geest die onze moderne wetenschap kenmerkt. De Vrijmetselarij is geen geheime organisatie maar haar occulte idealen en perverse doelstellingen zijn geheim, behalve dan voor het kleine cenakel.

10.1 – De omvorming van de steenhouwersgilden

Zoals we zagen werd tijdens het alchimistisch of Satanisch convent in Magdeburg besloten om de beweging pas aan de wereld bekend te maken nadat nog eens honderd jaar verstreken waren, in 1717 dus. De juiste manier om daar te komen stond nog niet helder voor ogen. In de loop der tijd rijpte het idee om een reeds bestaande structuur te gebruiken, die enige aanpassing behoefde om voor de anti-Christelijke sekte van nut te kunnen zijn. Daarbinnen zou de werkelijke beweging zich verschuilen als bij een pit in een vrucht, zodat hun godslasterlijke praktijk voor de buitenwereld verborgen zou blijven. De internationale gilde van rondtrekkende steenhouwers, die zich voor de constructie van kathedralen inzette, maar zijn beste tijd had gehad, bleek de ideale dekmantel voor deze opzet.

Waarom besteedt schrijver dezes aandacht aan de ontwikkeling die tot de oprichting van de Vrijmetselarij heeft geleid? Omdat de figuren die daarin een belangrijke rol speelden dezelfden waren die actief hebben meegewerkt aan de totstandkoming van de moderne wetenschappelijke praktijk, hetzij via een directe betrokkenheid of indirect via de verspreiding van literatuur, en discussieforums zoals de Hartlibkring. Om de infiltratie en transformatie van de oude steenhouwersgilden door de inmenging van het geesteskind van de Socinianen te kunnen begrijpen – we spreken hier over de Rozenkruisbeweging – wenden wij ons tot het werk over de maçonnieke ontstaansgeschiedenis van C.W. Leadbeater, een veel geciteerde autoriteit op dat gebied:

> «« Na de Reformatie in Engeland kwam de kerkenbouw bijna geheel stil te liggen als een activiteit die de gilden toebehoorde. Daardoor geraakten de operatieve loges in verval, want hun werk was niet langer vereist. Terwijl de Reformatie de 'operatieve Vrijmetselarij' aldus in zijn functioneren belemmerde, maakte het in Europa de weg vrij voor de wederopkomst van geschriften die zich op de verschillende aspecten van de speculatieve kunst richtten (d.w.z. de gnostische bespiegelingen). De gilden hadden altijd rijke en invloedrijke beschermheren gezocht, en er was dus niets nieuws in het toelaten van theoretische Maçons in de loges. (…) Tussen de periode dat de operatieve Vrijmetselarij op het toppunt van zijn macht stond en de bezieling en heropleving van de speculatieve kunst in het begin van de achttiende eeuw (na de inauguratie van de Moederloge in 1717), was er een duistere periode waarin het licht van de Vrijmetselarij van zowel de operatieve als de speculatieve bijna was uitgedoofd. (…) Het is tijdens deze postreformatorische periode, toen de oude loges de roem van hun erfgoed haast hadden vergeten in zowel de operatieve als speculatieve zin, dat we de eerste echte notulen aantreffen van logebijeenkomsten. Deze notulen geven inzage in de toestand waarin het ambacht destijds was afgegleden. Ze tonen, zoals te verwachten, nauwelijks enige belangstelling in kwesties van ritueel, geheimen of symboliek, ofschoon er enkele aanwijzingen zijn die op het achterhouden van een verborgen traditie wijzen. (…) De oudst nog bestaande notulen van een loge bevinden zich in de verslagen van de loge van Edingburg, Mary's Chappel geheten, wat de eerste vermelding is in het logboek van de Grootloge van Schotland, die ergens in 1598 is gedagtekend. (…) Daarop zien wij de

handtekening van Boswell met daarnaast zijn zegel, een kruis binnen een cirkel afbeeldend – een symbool dat dikwijls door de Broeders van het Rozenkruis werd gebruikt en een diepe betekenis heeft in verband met hun mysterieën. Een van de vroegste sporen die wijzen op het Rozencrucianisme in Groot Brittannië bevindt zich in Schotland en houdt verband met de Vrijmetselarij, want in Henry Adamsons "De Klaagzang der Muzen" – gedateerd: Perth, 1638 – treffen wij de woorden aan: *"Want wat wij voorspellen zijn grote beroeringen (enkele jaren voordat het land zich in de burgeroorlog stortte), want wij zijn de Broeders van het Rozenkruis. Wij hebben het maçonnieke woord en een helderziende geest. De dingen die komen gaan, weten wij precies te voorspellen."*

De rozenkruismanifesten zijn de eerste literaire overblijfsels van de orde, die ongeveer in 1614 werden geschreven en niet eerder dan in 1652 in het Engels vertaald en uitgegeven toen Thomas Vaughan zich aan die taak zette. Hij was de befaamde alchimist en mysticus schrijvend onder de naam Eugenius Philalethes. Hij was toen een aanhanger van de Witte Loge geworden. Dus reeds in 1638 werd de Vrijmetselarij met het Rozenkruisbroederschap geassocieerd. (…) Naarmate de jaren verstreken werden meer en meer niet-operatieven in de Schotse loges toegelaten totdat het speculatieve element geheel de overhand kreeg. (Blijkbaar was sprake van een snelle infiltratie en aldus lezen we:) In de verhandeling van Dr. Robert Plot over de "Natuurlijke Geschiedenis van Staffordshire", in 1686 gepubliceerd, staat dat de toelating van maçons hoofdzakelijk bestond uit het meedelen van bepaalde geheime tekens waarmee ze zich in het ghele land aan elkaar bekend konden maken. Ook spreekt hij over een groot perkamenten boekwerk, in gemeenschappelijk bezit, waarin de geschiedenis en regels van het Vrijmetselaarsgilde staan beschreven. (In hetzelfde werk) geeft hij aan dat Sir Christopher Wren als Vrijmetselaar was aangenomen. »»

Wie was deze Thomas Vaughan die volgens Leadbeater zo'n bekendheid genoot? Velen hebben nog nooit van deze naam gehoord. Maar in de hogere vrijmetselaarskringen is hij een goede bekende. Hij wordt als de oprichter van hun beweging gezien. Hij was van 1654 tot 1678 de vierde opvolger van Fausto. Désaguliers, die in 1717 zo'n belangrijke rol heeft gespeeld, was zijn achtste opvolger. Vaughan stond ook gekend onder de naam "burger van het heelal" of "kosmopoliet" omdat hij altijd op reis was. Het manifest, waar sprake van is, heet "Vermaardheid en geloofsbelijdenis van het Rozenkruisbroederschap" (Londen, 1652). Dit wordt als de basis van alle rozenkruisgeschriften gezien. Het is zodanig geschreven dat het naar buiten toe een nogal onschuldige indruk maakt. De legende van Rosenkreuz, de zogenaamde oprichter van de Rozenkruisers, werd reeds in 1616 in het Engels gepubliceerd door de alchimist Robert Fludd, een man wiens werken dikwijls door Newton werden geraadpleegd.

10.2 – Désaguliers' verhouding tot Newton

Niets wijst erop dat Newton deel uitmaakte van het kleine cenakel der volmaakt ingewijden, wiens leider Désaguliers was, maar hij deelde ongetwijfeld hun opvattingen. Op zijn minst koesterde Newton samen met Désaguliers haat en afschuw tegen de Roomse Kerk, die hij als de verpersoonlijking van de 'Hoer van Babylon' beschouwde, voor wie de vergeldingsdag nakende was. Newton was qua opvoeding Puritein, wat een manier van denken is die in verschillende Protestantse richtingen voorkwam. Newton was ook Antitrinitariër, zoals uit zijn "De Oorsprong van de Heidense Theologie" blijkt. Newton heeft het niet tijdens zijn leven durven uitgeven. Nochtans aarzelde Newton niet als pseudoniem "de Ene Heilige God" te gebruiken! Ook de Rozenkruiser Vaughan gaf zich als Puritein uit. Hij raakte bevriend met John Cotton, die aan de Puriteinen in Trimountain in de Verenigde Staten leiding gaf. Hij veranderde de stadsnaam in Boston. Newton en Désaguliers waren lid van de Hartlibkring, wat een heimelijke groep was, een soort onzichtbaar college, dat banden had met de gezaghebbende Royal Society. Het gaf een platform waar alchimisten en pseudo-magiërs elkaar konden ontmoeten om hun zaakjes te bespreken.

10.3 – De kunst der misleiding, bekendstaande als wetenschap

Als een ware dochter van zijn grondleggers had de Rozenkruisbeweging sterk heidense en anti-Christelijke trekken. Ze is wel omschreven als een beweging die gelooft dat alle geheime en heilige geschriften ongeacht hun oorsprong waarheid bevatten en vooral moeten worden beoordeeld op grond van hun bezielende invloed en niet naar hun oorsprong. Hiermee wordt de 'lumineuze weg' naar het heidendom geplaveid. In deze zoektocht nam men Gods rechten niet ernstig. En nog steeds is deze tendens in alle 'huizen' van onze tegenwoordige maatschappij terug te vinden. De fout georiënteerde geest heeft zich welhaast overal in de wetenschap geïnstalleerd. De wetenschappelijke weg wordt heden ten dage door een atheïstische en koel analytische benadering gekenmerkt, die zich van iedere moraliteit, die deze naam

waardig is, heeft ontdaan. Men laat zich door een gelegenheids-
moraal leiden, door de opportuniteit van het moment, en wee
degeen die daar kritiek op durft te hebben. Een Tien-Geboden-
moraal die vanuit een soort vijfde dimensie aan de mensheid
werd overhandigd, wordt als een belediging van de moderne
geest gezien, een rem op de vooruitgang hoe funest die ook
moge zijn. De Tien Geboden zijn voor het moderne denken een
lachertje, zeker als men beweert, wat ondergetekende doet, dat
de Openbaring op de berg Sinaï iets is wat letterlijk heeft plaatsgevonden. De brallers, de honers, die deze zaken bespotten,
hebben niet altijd gelijk!

Vrijheid zou bestaan uit het met de voeten treden van al wat die
Geboden voorschrijven. In die zin bestaat vrijheid uit de overtre-
ding van het centrale gebod van "hebt uw God lief". Dat is echter
geen vrijheid maar hoogmoed! Onze moderne samenleving kan
als tegenmodel van de Tien Geboden worden beschouwd, maar
omhuld en met gesloten vizier, naar de wijze van de duivelse
bedrieger. Indien die openlijk streed, zou de tegenstand te groot
zijn. De bedrieger kent veel gedaanten. Hierbij past de beeld-
spraak van het Paard van Troje. Luister maar:

> «« Een man, die zich voor de stadspoort en -wallen ophoudt
> en in witte kiel is gekleed, roept uit al wijzend naar het Paard
> van Troje: *"Dit is geen oorlogsmachine, maar Wetenschap; dit
> is Kunst."* Het Paard van Troje stelt inderdaad de kunst van
> misleiding en krijgswetenschap voor. De artistieke expressie
> en de wijze waarop de wetenschap van het intellect zich toont,
> verhullen de oorlogsmachine. Als een maçonleerling tijdens
> de eerstegraads ceremonie zweert voor eeuwig geheim te
> houden en nooit een deel of delen, kunst of kunsten, punt
> of punten, van de geheime kunsten en mysteries van de
> oude Vrijmetselarij openbaar te maken, is het zelfs voor de
> leerling evident dat hier geen sprake is van de kunst van
> een Michelangelo of die van een Vincent van Gogh. Een
> der vermommingen of clandestine middelen waarmee

spiritistische praktijken werden bedreven, kende men vroeger onder de naam van alchimie. De activiteit die uit alchimie werd geboren, met het etiket 'wetenschap', was een mooie façade om haar ware bedoeling af te schermen. En zo werkt het nog steeds. De alchimistische experimenten vormden voor de geïnitieerden een handige maskerade die zich als een soort Trojaans Paard op Europese bodem heeft gevestigd, waar de Rooms Katholieke Kerk tot dusverre de dominante partij was. Het wilde het denken bestendigen dat vreemd was aan en vijandig stond tegenover de Christelijke geest. Wat dat betreft is er een duidelijk verband aan te wijzen tussen de moderne wetenschap en alchimie. »» (cf. "America's Subversion" van Sonny Stermole)

10.4 – De vernietiging van de Venetiaanse samenzwering

De "Oxford Dictionary of World Religions" (1997) geeft aan dat toen de alchimistische praktijk ondergronds was gejaagd, dit het motief vormde voor het ontstaan van het Rozencrucianisme. Dat is juist. Kennelijk had de auteur de beweging in gedachte in de tijd die aan 1617 voorafging. Nadien heeft het veel van zijn geheimzinnigheid verloren. In 1617 heeft het Convent van Zeven besloten het gefantaseerde verhaal van Christiaan Rosenkreuz wereldkundig te maken. Deze figuur fungeert als de oprichter van de Rozenkruisbeweging, alhoewel die reeds lang bestond, zij het onder een andere naam. De mysteriediensten, waar alchimie een nazaat van was, waren altijd al het mikpunt geweest van de Roomse Kerk die de bestrijding daarvan als een heilige plicht zag, in een gevecht dat pas ten einde zou komen op de 'de dag des oordeels' bij een laatste krachtmeting van apocalyptisch formaat.

Het een en ander is te lezen in Abbé Lefrancs verslag: "Le Voile levé" (De sluier opgelicht). Ook hij wist af van de Venetiaanse Samenzwering, die van 1546. Deze samenzwering kan als het begin van de perfide beweging worden gezien. Zijn publicatie is hem niet in dank afgenomen. Op 2 september 1792 op de eerste dag van het 'schrikbewind' werd hij vermoord. Het is deze dag die als het begin van de Franse Revolutie kan worden aangemerkt. De 'verovering' van de Bastille in 1789 was helemaal geen verovering maar een gewone inbezitneming, een sleuteloverdracht. Dit staat te boek als het begin van de Franse Revolutie louter en alleen omdat dat jaar herinnert aan de Glorierijke Revolutie in Engeland, die precies honderd jaar eerder was. In Lefrancs boek valt te lezen dat Lælius en Darius Socinus, samen met andere ketters, inderhaast de republiek Venetië moesten ontvluchten nadat de heerser tot strenge vervolging had besloten van al wie leerde dat de Christelijke leerstellingen tot het domein van de Griekse filosofie horen en niet die van het geloof. Deze stelling was voor de godhaters de slinkse weg om tot het losbandig heidendom te komen. De patriarch had helemaal gelijk!

Tijdens het alchimistisch convent van 1546, gekend als het "Vicenza Colloquia", begroetten de deelnemers elkaar met 'ave frater' en 'rosæ crucis'. De bedoeling van dit college was de krachten tegen het Katholicisme te bundelen. Het was een angstig jaar waarin de Lutheranen klap op klap te verduren kregen tijdens de zogeheten Schmalkalder Krieg. Ze zwoeren door middel van valse leerstellingen en achterbakse methoden de Roomse Kerk te ondergraven met doel van vernietiging, in feite een aanval op het Christendom zelf. Een actieplan was vereist! Daartoe moest een vereniging worden opgericht wiens leden voor de buitenwereld zouden verbergen dat zij daar lid van waren. Ze zouden zeggen de 'unitarische theologie' aan te hangen, een term die zinspeelt op de ontkenning van de Heilige Drievuldigheid alsook de grandioze maar ketterse visie van de eenwording van alle Christelijke sekten, buitenissige geloofsrichtingen, mysteriediensten, esoterische gezelschappen en gnostische ketterijen. De geboorte van de alma mater der religies, heden gekend als de Vrijmetselarij, kan aan deze noodlottige bijeenkomst worden toegeschreven.

['Alma mater' is latijn voor 'milddadig vruchtdragende moeder' en een transcriptie voor 'Moederloge'. Een andere transcriptie is 'Grote Hoer'. Deze benaming lijkt niet vergezocht in het licht van de in vrijmetselaarskringen rondgaande literatuur.]

De Vrijmetselarij wil liever niet aan haar geboorteakte worden herinnerd, zelfs niet in eigen kring, omdat dit onterende begin als een nederlaag wordt gezien, ...en nedergeslagen zullen ze worden! Hun relatie tot de noodlottige Venetiaanse bijeenkomst van 1546 moet worden verdoezeld om te voorkomen dat de gewone burger hun ware doelstelling en actieplan gewaar wordt. In eigen kring schrijven de Vrijmetselaars de oorsprong van hun beweging aan 1597 toe, toen Satan in hoogst eigen persoon Fausto zou hebben gezalfd tot "rosæ crucis magister imperator" – een belachelijke titel! Het jaar 1597 heeft een symbolische waarde die in de fabel van Christiaan Rosenkreuz naar voren komt. Zijn licht zou na 120 jaar beginnen te schijnen; opgeteld bij 1597 voert dit tot 1717, het jaar van de officiële oprichting van de Moederloge. Deze wijze van presentatie versterkt het onterechte gevoel dat de Vrijmetselarij een onweerstreefbare macht is.

Nadat de republiek Venetië een aantal samenzweerders had opgepakt en gewurgd, met name Gulio Ghirlanda di Trévise en Francisco di Ruego, zocht de rest een heenkomen elders in Europa. Dit verklaart ook waarom hun ideeën zich over het hele Europese continent hebben verspreid. Lælius (Lelio Sozzino), die het Colloquium had georganiseerd, verwierf faam onder de reformatorische leiders uit zijn tijd, die hij persoonlijk en allerhartelijkst kende. In de kracht der jaren stierf hij in 1562 in Zürich. Hij had vermaardheid verworven door zijn aanvallen op de geloofwaardigheid van de Heilige Drievuldigheid, wat niet anders was dan een heropleving van de oude Ariaanse ketterij, die de Roomse Kerk alsook de Protestanten als een der weerzinwekkendste ketterijen beschouwen. Na ontkenning van de realiteit van de erfzonde, nam hij ook afstand van de noodzaak van Gods heiligma-

kende genade en het heilig priesterschap. Zo maakte hij brand-
hout van de sacramenten. De jonge Fausto, die toen zijn oom
overleed, in Zwitserland verbleef, ging spoorslags naar Zürich om
zijn documenten te bemachtigen. De facto werd hij daarmee de
leider van de beweging.

Het Arianisme is de dwaling uit de vierde eeuw die Christus'
volledige godheid ontkent, genoemd naar de bedenker ervan, de
Libische priester Arius. Het leidde tot een zodanige polemiek dat
Keizer Constantijn besloot een algemeen concilie bijeen te roe-
pen. De leer van Arius werd verworpen en de man zelf werd naar
Illyricum verbannen. Binnen twee jaar later kwam hij tot een nieuwe formulering die aan Keizer Constantijn werd voorgelegd en
deze werd wel aanvaard. Arius stierf vlak voordat zijn herbenoe-
ming als priester een feit was. Maar het kwaad was al geschied
en bracht voor vele jaren verwoesting teweeg in de Kerk. Kardinaal Newman heeft een sublieme beschrijving gegeven van wat
de Ariaanse crisis heeft aangericht:

> «« Het college van bisschoppen schoot tekort in zijn geloofs-
> belijdenis. (...) Ze zwalkten in hun opinie en bisschoppen
> spraken elkaar tegen; na Nicea bleef er gedurende bijna 60
> jaren niets meer over van een standvastig, onveranderlijk en
> samenhangend getuigenis. Er waren onbetrouwbare concilies
> en ontrouwe bisschoppen; er was zwakheid, schrik voor de
> gevolgen, dwaalleer, valse voorspiegeling, waanvoorstelling –
> eindeloos, hopeloos, zich uitstrekkend tot bijna elke hoek van
> de Katholieke Kerk. De betrekkelijk kleine minderheid die
> trouw bleef, werd in discrediet gebracht en in ballingschap
> gedreven; de rest bestond hetzij uit bedriegers hetzij uit
> bedrogenen. »» ("On consulting the Faithful" - 1961, p.77)

10.5 – Zich Christen noemend, maar zonder Christelijk geloof, hoop en liefde

Lælius vond in zijn neef Fausto een gewiekst promotor van zijn
geestelijk erfgoed. Hier is een citaat uit de voortreffelijke geschrif-

ten van Monseigneur G.F. Dillon, de apostolisch gezant van Sydney, ontleend aan een serie lezingen die hij in oktober 1884 in Schotland hield:

«« De door Fausto Socinus behaalde successen bij het verspreiden van de ideeën van zijn oom waren enorm. Hij wilde niet alleen de Kerk vernietigen, maar een alternatieve tempel oprichten die voor eenieder toegankelijk zou zijn en zich afzette tegen de rechtgeaarde Christelijke leer. Deze tempel moest openstaan voor alle andersdenkenden (wijl ze een onverzoenlijke haat koesterden jegens het evangelisch ideaal). Het werd Christelijk genoemd, maar er was geen spoor van Christelijk geloof, of hoop, of liefde. Het was gewoon een doordacht systeem om de ideeën van zijn grondleggers te helpen verspreiden – want een wezenlijk element van Socinus' benadering, iets wat hij zijn volgelingen op het hart drukte, was de wens het Unitarisme ingang te doen vinden bij de rijken, geleerden, machtigen en invloedrijken van deze wereld. Hij deed alsof hij evenveel achting had voor zowel de Trinitariës als Antitrinitariërs, voor zowel de Lutheranen als Calvinisten. Hij loofde ieder initiatief dat zich tegen de Kerk van Rome afzette. Door het uitbuiten van de diepe haat die zijn aanhangers tegen het Katholicisme hadden, bracht hij hun ertoe hun vele '-ismes' te vergeten en aldus verenigd tot vernietiging van de gemeenschappelijke vijand te komen. Pas nadat dit was bereikt zou de tijd rijp zijn om een stelsel in overweging te nemen dat voor ieder aanvaardbaar was. Tot dan toe zouden hun gezamenlijke acties gevoed worden door de haat die ze tegen de ene Roomse en Katholieke kerk hadden. Daarom verlangde Socinus dat zijn aanhangers zich onder elkaar broeder noemden of ze nu Lutheraan waren, Calvinist, Moravische Boeder of wat dan ook; echter, om op die manier met elkaar om te gaan is heel wat anders! Deze opzet verklaart waarom zijn volgelingen, ondanks dat ze van verschillend pluimage waren, hun vroegere affiliaties konden blijven volgen. »»

Het zoeken naar kennis ligt in het verlengde van het streven alle religies onder één dak te brengen. We wenden ons tot Albert Pike om te zien hoe dat ging. In de tweede helft van de negentiende eeuw stond hij aan het hoofd van de wereldwijde Vrijmetselarij. Op de kaft van een recente editie van zijn bekendste boek "Morals and Dogma" staat gedrukt: *"Albert Pike, de belangrijkste en meest beschimpte Vrijmetselaar die ooit heeft geleefd."* Dit geeft Pikes vermaardheid aan, zowel binnen als buiten de beweging.

De vreeswekkende Albert Pike

In Pikes woorden *"schijnt boven de grote en uitgestrekte chaos van menselijke dwalingen het kalme heldere licht van de natuur-lijke menselijke religie, die God, ons aller Oneindige Ouder (...),*

*aan ons openbaart. In pracht strekt zich het heelal in iedere rich-
ting uit, de Grote Bijbel van God!"* Dit is een bekende gedachte.
Reeds Francis Bacon zei dat God twee Bijbels had gemaakt: een
gewoon boek en het boek der natuur. In het maçonnieke ritueel
duidt de Bijbel daarom het heelal aan, uitsluitend het heelal. En
gaat Pike verder: *"De 'stoffelijke' natuur is het Oude Testament
(...) de 'menselijke' natuur het Nieuwe van de Oneindige God die
elke dag een nieuwe bladzijde openbaart naarmate de Tijd blad-
zijden omslaat."* Het tonen van nieuwe pagina's betekent niets
anders dan de vermeerdering van kennis van de werking van de
natuur. Elders in zijn boek stelt hij:

«« Er bestaat een louter formeel atheïsme, wat een
'terminologische' maar geen 'werkelijke' ontkenning is van
God. Indien een mens (een Vrijmetselaar) zegt: "Er is geen
God", bedoelt hij dat God zichzelf niet heeft voortgebracht en
niet beginloos is (…) wat impliceert dat de orde, schoonheid,
en harmonie van de materie en het geestelijke **op geen
enkel plan of opzet** van de Godheid wijzen (de godheid
hier is God gedepersonaliseerd en dus een aantijging). Maar
indien een mens (een Vrijmetselaar) zegt: "De NATUUR –
daarmee de gehele totaalsom van het bestaan aanduidend –
(…) zij is de oorzaak van mijn eigen bestaan, van de geest
van het Universum en van de Voorzienigheid zelve." In zo'n
geval is de volstrekte ontkenning van God louter formeel
en niet reëel. De 'kwaliteiten' (of materiële en tastbare uit-
drukkingen) van God worden verondersteld en bevestigd
als werkelijk bestaand (en ja, niets anders wordt als echt
aanvaard), **en het is slechts een woordspel de bezitter
van deze kwaliteiten 'Natuur' te noemen en niet 'God'.** »»

Vergelijk dit met het maçonnieke idee over de wezensaard van
wijsheid, zoals Pike dat heeft geformuleerd. Hij beweerde dat *"de
wijsheid van de mens* (van iets kennis hebben) *slechts afspiegeling is en beeld van de wijsheid van God".* Zo komt naar voren

waarom de religieuze speurtocht voor Vrijmetselaars gelijk staat
aan het zoeken naar kennis of 'scientia' (wetenschap) en waarom
in het verlengde daarvan de vereniging van alle religies, uitgezon-
derd de Rooms Katholieke, inhoudt dat de mens moet streven
naar de eenwording van alle kennis. De vrijmetselaarstempel is
daarom louter een tempel om kennis van de natuur op te doen. In
deze zin zijn onze wetenschappelijke onderzoeksinstituten hun
moderne tempels.

10.6 – Puur scientia, ontbloot van het hoger opvoedkundig ideaal

In het licht van het voorgaande is het volkomen logisch dat Comenius het standpunt huldigde dat er een kerk moest komen die
alle religies in het 'unum necessarium' verenigde en dat een
degelijke scholing daartoe de zekerste weg was. Hij was een van
de zeven 'volmaakt ingewijden' die in 1617 bijeenkwamen, hetgeen hem tot een van de belangrijke voorgangers van de anti-
Christelijke sekte maakt. Zijn opinies zijn daarom van belang. Hij
predikte dat scholen overal moesten leren hoe men tot de volmaakte mens in Christus kan komen, volgens het schema van de
'pansophia' dat alle bestanddelen van de goddelijke wijsheid
(lees: wetenschappelijke kennis) zou hebben. Vanuit Bijbels perspectief, waarin de kennis van Christus centraal staat, kan zoiets
nooit leiden tot de vorming van de volmaakte mens. Wat is het
dan wel? Het is puur 'scientia', ontroofd van zijn superieure op-
voedkundige waarden die mensen voor God aangenaam maakt.
Waartoe dient encyclopedische kennis als het niet correct wordt
toegepast? Kijk naar ons huidige schoolstelsel, nu in de een en
twintigste eeuw, dat volledig is afgestemd op het doceren van
'scientia'. Het heeft lang geduurd voordat we bij dit armzalige
punt aankwamen. Comenius zou er trots op zijn geweest! Terecht
wordt hij de vader van de (moderne) pedagogie genoemd.

Comenius' christusfiguur stemt overeen met het Platoons hemels
ideaal, aldus een dekmantel vormend voor het monofysisme, ook
wel gekend als het Nestorianisme. Wie aan de juistheid van deze

opmerking twijfelt zou eens Comenius' "Lux in (of 'e') Tenebris" (Licht in de Duisternis) moeten lezen, een boek met verstrekkende conclusies, ja een duivels geïnspireerd boek dat door veel van zijn tijdgenoten als gevaarlijke literatuur werd beschouwd. Een tweede uitgebreidere editie zag in 1665 het licht tezamen met het lijvige "Historia Revelationum". De laatstgenoemde moest

Tsjechisch bankbiljet met afbeelding van Comenius

de authenticiteit van de 'goddelijke ingevingen' aantonen. Comenius zocht zijn toevlucht in Holland, waar hij veertien jaren later in de armen van Thomas Vaughan overleed.

De god die Comenius aanhing, blijkt in zijn artikelen over de beginselen van het onderwijs nogal vaag en armzalig te worden geëtiketteerd. Hij bewijst lippendienst aan de heersende opinie als hij zegt dat de karaktervorming van een scholier op Christelijke grondslag moet zijn gebaseerd als zijnde het hoogste doel van de opleiding. Hij, de Moravische Broeder en volmaakt ingewijde Rozenkruiser, wilde het pausdom tot elke prijs uitroeien, zo staat in Pansophia. Hij, de antithesis van het Christendom. Ja! Comenius voorspelt in datzelfde werk dat dit door *"een groot internationaal samenwerkingsverband van verlichte lieden zou ontstaan die, bewogen door een rechtvaardige bezieling en in vijandschap tot het fanatieke priesterschap, een tempel van alle wijsheid zouden oprichten dat zich naar de plannen voegde van de Grote Bouwmeester van het Heelal."* Hier wordt voor het eerst in de geschiedenis "Grote Bouwmeester van het Heelal" gebruikt, thans binnen vrijmetselaarskringen een ingeburgerde term.

Er is natuurlijk een groot verschil tussen de bouwmeester van het heelal en de God van de Bijbel, de God die Schepper is. De eerste bijbelwoorden lezen: *"In het begin schiep God hemel en aarde."* Het begin betekent dat er een punt bestond toen er niets was behalve God zelf, die zoals we weten geest is; maar zegt Pike: *"(...) niets wordt uit het niets gemaakt, (...) want het bestaande kan niet ophouden te bestaan net zomin als het niets dat kan. De bewering dat de wereld uit het niets is ontstaan, is een monsterlijke absurditeit. Al wat Is, komt voort uit al wat bestond en derhalve kan niets van hetgeen bestaat ooit niet zijn."* Als we de vrijmetselaarsencyclopedie uit 1909 van Albert Mackey opslaan, zien we onder de kop van grote bouwmeester van het heelal: *"Het is belangrijk op te merken dat de Vrijmetselaars hun godheid een 'bouwmeestergod' noemen in plaats van een 'schepper'-God. Menselijke architecten scheppen niets, veeleer ontwerpen zij gebouwen voor de aannemer die de reeds bestaande materialen gebruikt om de structuren neer te zetten."* Denk hier eens over na en laat u zich niet om de tuin leiden over de doelstellingen en plannen van een zekere Tsjech Amos Komenski, meestentijds Comenius genaamd!

[Ofschoon Comenius deel uitmaakte van de volmaakt ingewijden en dus Sociniaan was, heeft hij een aantal werken geschreven die het Socinianisme veroordelen in een gebruikelijke poging zijn ware identiteit te verbergen om zo tegenstand te voorkomen; de volmaakt ingewijden noemden zich ook wel de onzichtbaren.]

10.7 – Comenius, een oplichter en onvervalste zwendelaar

Het voorgaande zal bij niet weinigen ergernis opwekken omdat zij Comenius hoogachten voor diens veronderstelde bijdrage aan de

menselijke samenleving. Hij wordt zelfs als een van de zes belangrijkste personen van de Tsjechische geschiedenis gezien.
Zijn bijdrage aan het moderne onderwijs ondervindt veel waardering. Bovendien beschouwt men hem als de eerste die over de
noodzaak van een instelling schreef zoals de Verenigde Naties.
Daarom laat ik Pierre Bayle aan het woord, die nog steeds grote
autoriteit geniet en een tijdgenoot was van deze Comenius. Zijn
encyclopedie heeft laatst nog een herdruk beleefd. Het betreft "Le
dictionnaire historique et critique". Bayles encyclopedie kenmerkt
het hoogtepunt van intellectuele prestatie door een van de grote
geesten uit de zeventiende eeuw. Bayle stond in zijn tijd in het
hart van het Europese intellectuele debat. Hij was een vrijdenker
en vermaard Protestants filosoof. Zijn hooggeprezen encyclopedie biedt een kritische kijk op de toen heersende filosofische en
theologische argumenten, en had veel invloed in het achttiende
eeuwse milieu van de verlichting. De auteur streefde altijd naar
een grondige kennis van zijn onderwerp. Aan de hand van nauw-
gezette vergelijking en research van oorspronkelijke bronnen
kwam hij tot zijn conclusies. Zijn monumentale werk staat bekend
als een "Arsenaal van Lichten" en werd ook in het Engels en
Duits vertaald. Het betreffende citaat komt uit de derde editie uit
Rotterdam, waar hij tot 1693 doceerde, jaar waarin hij ontslagen
werd onder de absurde beschuldiging dat hij een Frans geheim-
agent was en een vijand van het Protestantisme. Bayle was goed
geplaatst om over Comenius een mening te kunnen vormen:

«« De schoolhervorming was niet Comenius' enige obsessie;
hij koketteerde met profetieën, revoluties, vernietigingen,
de Antichrist, het Duizendjarig Rijk en meer van dat soort
gevaarlijk fanatisme. Ik noem ze niet enkel gevaarlijk in relatie
tot de gezonde leer, maar ook in relatie tot de regeerders en
naties. (...) In de eerste plaats beschuldigt men hem van een
enorme verwaandheid, en het valt op dat dit gewoonlijk de
zwakke kant is van hen die beweren ingevingen van bovenaf
te krijgen (in zijn geval van onderaf!). Dit gunstbewijs wordt

inderdaad zo hooggeacht dat het amper verbazing wekt dat dezen die geloven dat God hen hiermee huldigt de gewone leraars met minachting bejegenen. (…) Het ergste gebrek dat men hem toewerpt is zijn fanatisme. (…) Men beschuldigt hem ervan, samen met enkele andere fanatieke chiliasten (die denken dat het einde der tijden nabij is), dat hij ijverde de volkeren tot opstand te brengen en geen middel schuwde om Cromwell ertoe over te halen revoluties in Bohemen te ontketenen. Hij vond een toevluchtsoord (…) in Amsterdam, waar hij uiterst gulle personen aantrof. De regen goudstukken die hem in deze stad ten deel viel bracht hem ertoe op die plaats de rest van zijn leven te slijten. (…) Men zag hem als een oplichter en onvervalste zwendelaar. »»

Percey Shelly

10.8 – Godloochening in termen van een bouwmeester

Men meent dat wetenschapsbeoefening uitsluitend een ontdekkingstocht is en meer niet. In Percy Shelleys "Lofzang op Apollo" wordt dit met een versregel toegelicht: *"Ik ben het oog waarmee het Heelal zichzelf aanschouwt en zich goddelijk kent."* (I am the eye with which the Universe beholds itself and knows itself divine). Hier opnieuw betekent goddelijk iets anders dan wat Christenen daaronder verstaan. Deze versregel krijgt veel lof. Shelley wordt als een van de grootste Engelse dichters van de negentiende eeuwse romantische stijl gezien. Of hem die waardering toekomt is nog maar de vraag. Pas negentien jaar oud werd hij door de universiteit van Oxford geroyeerd nadat hij een door hem en een vriend geschreven vlugschrift op de campus had verspreid, waarin de noodzaak van het atheïsme werd verkondigd. Atheïsme is niet slechts een comfortabele opvatting, het is de conditio sine qua non van een soort wetenschapsbeoefening die de rechtvaardiging zoekt van de ratio tegenover het zogenaamde naïeve geloof. Zoals opgemerkt, wordt de negatie van God in termen van een bouwmeestergod vervat die van Zijn werkstuk "De Schepping" (ons heelal) een ruwe en gebrekkige schets zou hebben gemaakt, waarbij Hij het aan de mens overliet om dat te verbeteren. Spinoza, die door de Joodse raad in 1656 wegens zijn godslasterlijke opvattingen werd geëxcommuniceerd en vervloekt, zag God niet als een afzonderlijk wezen met attributen als een wil of intellect. Spinozas God is de bouwmeestergod die de natuur niet schiep, maar die veeleer wordt geïdentificeerd met de natuur zelf. Dat is het vertrekpunt voor de huidige wetenschappelijke praktijk. Zo zou de wetenschap een ontdekkingstocht worden waar menselijke waarden niet in thuishoren. Toch is het zo dat de geestesgesteldheid en godsdienstige opvattingen van de beoefenaar de richting van zijn research bepalen en de manier waarop hij de resultaten toepast. Was het soms nodig de atoombom te maken? Hiroshima was een van de meest Christelijke steden van Japan, voorzeker een passend doel voor zo'n helse machine.

10.9 – De wereld en haar mens moeten verbeterd worden

De aanbidding van Lucifer, wat tot de normale bezigheid van de volmaakt ingewijden behoort, lijkt moeilijk te rijmen met hun standpunt dat het materiële de enig beschikbare realiteit is. Satanisten denken echter niet in termen van een zuivere geest als ze over Lucifer spreken. Terwijl een mens aan zijn lichaam is gekluisterd, vermag Lucifer van gedaante te wisselen, zo betogen ze. Op die manier is hij slechts een tot een plaats beperkt wezen en dus geen zuivere geest. Albert Pike gaat als volgt in op het probleem:

«« De kennis van de individuele persoon reikt niet verder dan de grenzen van zijn eigen wezen. (…) De godheid kan derhalve niet conceptueel worden omschreven – met andere woorden theoretisch, maar dient ervaren te worden. Voor het dagelijkse begrip is God een vleesgeworden godheid. (Niet als Christus, luister maar naar wat volgt:) Het gebrekkig begrip van de mens (…) omkleedt de onbegrijpelijke Geest van het Universum in gedaanten die binnen het zintuiglijk en intelectueel bereik liggen. (Fausto verklaarde: *"Niets is in de geest, wat in het intellect verblijf houdt, dat niet eerst via de zintuigen is binnengekomen."*) Die gedaanten zijn aan de oneindige en imperfecte (stoffelijke) natuur (van onze wereld) ontleend. »»

In een omkering van de waarden profileert zich het Platoonse ideaal. In plaats van "van onze wereld" schrijft Pike *"die slechts Gods schepping is"*. Voor zover Pike de schepping afwijst als een *"monsterlijke absurditeit"* lijkt "van onze wereld" (tussen aanhalingstekens) een passender term. Plato onderwees dat de ideële wereld bestaat in een eeuwig onveranderlijke wereld van gedachtenvormen. De wereld, zoals die wordt waargenomen, zou haar uitdrukking vinden vanuit deze hogere wereld dankzij een onafgebroken nabootsingsinspanning. Daar Plato zich de tastbare wereld voorstelde als gevormd zijnde van gebrekkig materiaal, zou deze inspanning tot een verschijningswereld leiden die de werkelijkheid ten dele benadert indien vergeleken met de volmaakte wereld van gedachtenvormen. In een omkering van waarden zou, indien zo verstaan, Platos ingebeelde wereld de echte wereld zijn en het tastbare daaraan ondergeschikt. In het aangehaalde citaat verkondigt Albert Pike openlijk – tezamen met andere hoge Vrijmetselaars – een onvolmaakte wereld, wat in flagrante tegenspraak is met de Christelijke visie dat alles *"Goed"* was, die krachtige term om Gods zegening aan te duiden. Aldus zei Gods Geest op de eerste scheppingsdag – al zwevend boven de wateren – nadat God het scheppende Woord had gesproken: *"Daar zij licht!"* (Fiat Lux)

Na de zondeval was de mens niet meer volmaakt, maar het stoffelijke universum bleef als altijd onaangetast in zijn volmaakte tooi. De maçonnieke filosofie heeft zich in het zo kenmerkende wetenschapsdenken ingenesteld, dat de volmaaktheid en zingeving aan het bestaan ontkent. Zo doolt de mens rond, de eenzame, over een te perfectioneren wereld, waar volgens zijn eigen wankele logica alles is gepermitteerd en waar iedere weg tot verkenning voor het grijpen ligt. Dit toont zich ondermeer in de landbouwkundige praktijk met een totale veronachtzaming van de ecologie. De mishandeling en uitbuiting van onze bodem moet ophouden! Eenzelfde benadering heeft ook de geneeskundige praktijk aangetast, waar bekrompenheid en geldzucht de werkelijke kwestie negeert, wat erop neerkomt dat de natuur zelf onze heelmeester is (vis medicatrix naturæ). Biogenetica zou gewoon een andere tak van wetenschapsbeoefening zijn, maar is dat zeker niet; het is de klungelende tovenaarsleerling. De gruwelijke gevolgen zullen niet op zich laten wachten. Het is een kwestie van tijd voordat de rekening wordt gepresenteerd...

(11) Hoe Alchimie in Wetenschap muteerde
(17^e eeuw)

Dit is het laatste hoofdstuk in onze zoektocht naar het spoor dat tot de opkomst van de moderne wetenschap heeft geleid. Dat spoor is niet zo evident omdat de wandelaars, eerder slaapwandelaars, zelf niet wisten waar het naartoe zou gaan. Beginnend bij het Oude Grie- kenland volgden we het spoor van hen die al tastend de raadsels van de werkelijkheid trachtten te doorgronden. Uiteindelijk belandden we bij de vroegmoderne wetenschap, wiens aanhangers de werke- lijkheid als niets meer dan een samenraapsel van levenloze materie zagen! Pas als we het alchimistisch verband begrijpen, begrijpen we hoe het zo ver heeft kunnen komen en pas dan begrijpen we de ont- sporingen waar de wetenschap ons telkens weer mee heeft gecon- fronteerd, een wetenschap die nauwelijks moraal kent, die veel in- drukwekkende dingen heeft gewrocht, maar die niet tot meerdere eer en glorie van God hebben geleid en het welzijn van de mens.

11.1 – De Heer der wetenschappen

Het Mysterium Conjunctionis zou een reliek uit lang vervlogen tijden zijn, een begrip dat bij de dwaalwegen van deze slaapwan- delaars hoorde. Maar neen, het 'is' toepasselijk, want het Myste- rium duidt de grenzen aan in onze jacht op kennis. Het leert ons nederig zijn. Bonaventura, reeds eerder aangehaald, drukte het kernachtig uit: *"De schepping is doorschijnend als bij een ge- brandschilderd raam; haar betekenis kan slechts worden afge- lezen dankzij het goddelijk licht dat haar doorstraalt. Aldus reflec- teert de schepping een bron die verscholen ligt achter haar."* In deze optiek zijn de huidige wetenschappelijke methoden node aan verbetering toe, opdat de wetenschap een waardiger en trou- wer dienaar binnen haar goddelijke roeping weze.

Een schitterende uiteenzetting over deze problematiek is tijdens het Eerste Vaticaans Concilie geformuleerd in de "Constitutio dogmatica de Fide Catholica" (de dogmatische constitutie van het Katholieke geloof), dat door het bisschoppelijk college onmiddellijk en unaniem werd aanvaard en wel op haar derde zitting van 24 april 1870 (hfst. 4):

> «« Niet alleen kunnen geloof en rede elkaar nooit tegen-spreken, maar ze moeten elkaar juist van dienst zijn, en wel om de volgende reden: Omdat een juiste redeneertrant de grondslagen van het geloof aantoont en door zijn licht verlicht, cultiveert het de kennis van de dingen van God, terwijl het geloof het redelijk denken waarlijk bevrijdt van dwalingen en deze daarvoor behoedt, en het deze bovendien verrijkt met kennis van allerlei aard. Daarom, verre van vijandig te staan tegenover de natuurlijke verbetering van menselijke vaardigheden en disciplines, ondersteunt en bevordert ze die op velerlei wijze. Immers, ze is niet onkundig van en staat niet minachtend tegenover de voordelen die uit deze bron van het menselijk bestaan kunnen voortvloeien. De Kerk herhaalt feitelijk dat de vaardigheden en disciplines, die eveneens uit God voortkomen – de Heer der wetenschappen, indien correct beoefend daarom ook weer naar Hem terugvoeren, echter niet zonder hulp van zijn genade. De Kerk verbiedt geenszins dat elke tak van wetenschap zijn eigen beginselen en methoden hanteert, maar in de erkenning van deze vrijheid ziet de Kerk erop toe dat ze geen dwaalwegen bewandelt in een houding van het afwijzen van de goddelijke leer, en dat ze haar eigen grenzen niet overschreidt in het naar zich toetrekken van wat tot het geloofsgebied behoort, en ze op deze manier verwarring creëert. »»

11.2 – Een verboden stiel

Alchimie was een handige maskerade, een Trojaans paard op Europese bodem, die tot dusver door de Roomse Kerk werd overheersd. Deze list moest het denken bespoedigen dat vreemd was aan en vijandig stond tegenover het Christelijk denken. Als zodanig onderkend, dook het ondergronds. Om aan de waak-zaamheid van de gezagdragers te ontkomen, werden de herme-

neutische werken met een dekmantel van geheimzinnigheid om-
kleed. De alchimisten ontwikkelden een eigenaardige geheimtaal,
die de schijn van een verklaring in zich droeg, maar slechts door
een kleine groep ingewijden begrepen werd. Een verhelderende
briefwisseling bestaat tussen Aristoteles en een van zijn leerlingen, Alexander genaamd (misschien wel de latere Alexander
de Grote): *"Weet dat mijn openbare toespraken kunnen worden
beschouwd als zijnde nooit te zijn gepubliceerd, omdat ze slechts
begrijpelijk zijn voor degenen die ze ook hebben horen uitleggen."*
Het is daarom niet vreemd dat veel kenners van de alchimie haar
ware aard niet hebben doorzien. We moeten haar glanzende
buitenkant afkrabben om de ware 'Kunst' te openbaren, verband
houdend met rationalisme en onvervalst heidendom. In de Maçonieke beweging voeren die nog altijd de toon. Deze arrogante
samenzwering bouwt niet op. Haar architecten breken juist af.

We volgden het spoor van de Sociniaanse alchimisten totdat ze
in Polen werden onderkend als zijnde een grote pest. Opnieuw
moesten ze op de vlucht slaan. Om hun samenzwering gestalte
te geven maakten de volgelingen in Holland misbruik van de daar
heersende gastvrijheid en tolerantie. Het is van belang de conti-
nuïteit van hun gedachtegoed te volgen na het debacle van de Vicenza Colloquia. Anders begrijpen we niet hoe het hoger Socinianisme gelijk staat aan magische alchimie en hoe beide gelijk
staan aan het Rozencrucianisme. Daaruit ontstond hun stiel die
nog steeds opgeld doet binnen de hogere echelons van de Vrijmetselarij en aanverwante bewegingen; de hoogst ingewijden
dragen tegenwoordig een klein embleem met een roos zonder
kruis. Begrijp me goed. Ik beweer niet dat de Vrijmetselaars nog
steeds goud uit lood maken. Dat hoeft niet meer, want via de
banken domineren ze de wereldschatten, die meer waard zijn
dan al het goud.

Onze bijzondere tijdgeest, die ook de wetenschap kenmerkt, is
dankzij 'schijnbaar' onafhankelijke stromingen tot stand gekomen.
Goed beschouwd blijkt alles een uitvloeisel te zijn van het Griek-

se denken. Vanuit deze bron hebben wij ons op de evolutie van deze denkvorm gericht doorheen de millennia. Tenslotte belandden we bij de vroegmoderne wetenschap. Rest nog te verklaren hoe magische alchimie in wetenschap uitmondde, in de vorm zoals wij die thans kennen.

11.3 – Twee soorten wetenschap

Robert Fludd – die in de tweede druk van de "Cambridge Biographical Encyclopedia" wordt omschreven als geneesheer, een mysticus en een pantheïstisch theosoof – was in 1617 een van de deelnemers van het Convent van Zeven. We vernemen uit diezelfde encyclopedie dat Fludd een jaar eerder een verhandeling had geschreven, de "Apologia compendiaria fraternitatem de Rosea Croce", ter verdediging van het Rozencrucianisme. Hij was mentor van Thomas Vaughan en instrueerde hem in occulte vaardigheden. Zijn mystiek was gebaseerd op de Joods esoterische traditie, de Kabala. Hij was niet enkel geneesheer, maar ook een vermaard alchimist. Zijn "Collectio Operum" is een standaardwerk voor de huidige generatie die zich in alchimie verdiept. In dat boek staat zijn beroemdste diagram, "Werking der Natuur" genaamd. Arthur Waite, een grote autoriteit binnen vrijmetselaarskringen, legt uit dat de Kabala deel uitmaakt van de geschiedenis van de filosofie en als zodanig aansluiting vond bij het Europees gedachtegoed. Hij poneert dat de Kabala in grote lijnen bepalend was voor dat eigenaardig weefsel van symbolisme en ceremonieel die zo kenmerkend waren voor de magie van van de late middeleeuwen. In een later tijdperk ondernam men pogingen om magie in alchimie te wijzigen. Toch zagen de alchimistische beoefenaars zich niet als magiër, maar veeleer als lieden die de natuurkrachten wilden beheersen. Dat verklaart waarom Fludd zijn magisch diagram de "Werking der Natuur" noemde en waarom Newton in Fludds geschriften inspiratie zocht.

In zijn zoektocht naar de steen der wijzen was de gewone alchimist ervan overtuigd dat de transmutatie van metalen binnen zijn bereik lag. Als een alchimist na een uitputtende reeks experimenten werd uitgenodigd hoogst ingewijde te worden, wat soms gebeurde, kwam hij tot de ontdekking dat er twee soorten werkingen bestaan: één die door menselijke inspanning kon worden bereikt en één die door een middelaar moest worden bereikt die dan voor de mens het werk deed. Belangrijk is dat beide werkingen niet werden beschouwd als tegengesteld aan de wetten van de natuur. Sint Albertus Magnus huldigde dezelfde opvatting: dat er inderdaad een of andere transmutatie bestaat middels natuurlijke processen, maar dat deze ontoegankelijk is binnen het menselijk domein. Voor het kleine cenakel van ingewijden bestond de kern van wetenschap uit het verkrijgen van kennis die tot het menselijk domein behoort, terwijl ze terdege beseften dat er een vorm van wetenschap bestaat, het occulte, die door dat vervloekte instituut van de heilige Roomse Kerk was verboden. Die bijzondere kunst werd toegankelijk gemaakt door de aanbidding van die middelaar, de lichtdrager, de vorst van Tyrus, Lucifer genaamd.

In de verblinding van hun hart beoefenden zij het occulte: "Ad maiorem Satanis gloriam!" (tot meerdere glorie van Satan). Nochtans noemden de volmaakt ingewijden dit schepsel niet Satan, maar de goede Heer (bon Iovi), of specifieker: Lucifer. Hoe juist sprak de apostel Paulus in zijn Efeziërsbrief (Ef. 4:18-19): *"Want ze hebben hun verstand verduisterd en zijn vervreemd geraakt van Gods leven, want er heerst onwetendheid onder hen wegens de verstoktheid van hun hart; ze hebben zich afgestompt en overgegeven aan losbandigheid, zodat ze uit hebzucht allerlei ontucht bedrijven."*

De steen der wijzen werd niet, zoals algemeen aanvaard, door magie verworven, maar het is een stoffelijk object dat door een geestgestalte wordt overhandigd. Dat is de betekenis van: *"Ik bezit de steen der wijzen; die heb ik van niemand gestolen, daar ik heb hem slechts van God heb gekregen."* Dit staat in hoofdstuk

13 van "Introitus Apertus" van Thomas Vaughan onder het pseudoniem van Philaletha Philosopho. Dit soort lieden noemde zichzelf niet tovenaar, maar wel filosoof, want ze kenden het geheim hoe de steen der wijzen moest worden bemachtigd. In de Bibliotheca Fratrum Polonorum noemt Fausto zich dikwijls en zelfvoldaan filosoof, wetend dat de lezer de verborgen betekenis meestal niet ziet. In "Vitilus Aureus" (Gouden Kalf) beschrijft Helvetius de steen der wijzen als zwavelkleurig. Slechts een miniscuul brokje zou nodig zijn, in was omhuld, om een aanzienlijke hoeveelheid zuiver goud te bekomen, na het eerst in gesmolten lood te hebben geworpen.

De knoeiers, die onwaardig werden bevonden voor toelating tot het kleine cenakel, zag men als nabootsers en vervalsers van de 'bewonderenswaardige wijsheid' van de magiërs. Niettemin waren de vele mislukte pogingen om alchimie te bedrijven nuttig om kennis te vergaren over wetenschap in de ware zin, alhoewel de steen der wijzen, als altijd, ongenaakbaar bleef. Op deze wijze moet Lodewijk van Geer, een andere lid van het Convent van Zeven, kennis hebben genomen van de wijze waarop metallurgie moest worden bedreven. Deze kennis wendde hij aan ten bate van de oorlogsinspanning van de Zweedse natie, die zich ondermeer tegen het Katholicisme richtte. Men kan veel zeggen over De Geer, maar niet dat hij een dromer was! Hij was intelligent en een groot organisator, een man van de wereld, Hij combineerde magische alchimie met het 'savoir faire' om erts te bewerken, hetwelk hem onmetelijke rijkdommen verschafte.

11.4 – Was de Vrijmetselarij een Joodse samenzwering?

Zoals gezegd was het occultisme van de volmaakt ingewijde Robert Fludd gebaseerd op de Joods esoterische traditie, Kabala genaamd. Dit roept de vraag op in hoeverre de Joden aan het Rozencrucianisme hebben bijgedragen, dat aan de oorsprong staat van de moderne Vrijmetselarij. Botweg gesteld: "Was de vroege Vrijmetselarij het Joodse instrument in hun drang naar wereldheerschappij?" Er wordt inderdaad veel gespeculeerd over het belang van de (directe of indirecte) Joodse aanwezigheid binnen de maçonnieke beweging. Er zijn aanwijzingen dat de Joden hier eind achttiende eeuw op actieve wijze voor het eerst bij betrokken raakten, en het lijkt waarschijnlijk dat ze vanaf het eind van de negentiende eeuw daarin een overheersende rol speelden. Volgens de maçonnieke principes hebben de daarbij betrokken Joden zich daarmee tegen het Christendom gekeerd, maar ook tegen hun eigen soort. In hun eigen geest zouden dat hogere waarden zijn geweest dan de bewierookte 'ene wereldorde', hoewel ze niet los van elkaar staan. Dit aspect gaat buiten de kern van de zaak om, waar we ons verder niet in zullen verdiepen. Wat hun mogelijk eerdere betrokkenheid betreft in de zestiende en zeventiende eeuw zijn er absoluut geen sporen die daarop wijzen. Indien Joden er in een vroeger stadium bij betrokken waren geweest, zou de Poolse koning het zeker hebben ontdekt en passende maatregelen hebben getroffen tegen de grote Joodse gemeenschap binnen zijn domein, maar hij bleef ze goedgunstig gezind. Daarentegen verdreef hij de Socinianen onder doodsbedreiging. De connectie tussen de Socinianen en de Joodse 'wijze van denken' kan moeilijk worden ontkend, maar dat bewijst nog geen intensieve betrokkenheid.

Reeds de gnostische ketterij had Joods ketterse bijbetekenissen. Van deze ketterij, beter gekend als de Valentijnse leer, is bekend dat ze de Christelijke leer wilden laten samensmelten met de gnostische filosofieën. De initiator van dit plan maakt zijn entree in het Nieuwe Testament als Simon de Tovenaar. (Hand. 8:9-24) Omdat Simon afkomstig was uit Samaria, moet hij bedreven zijn geweest in de Joodse kabalistische filosofie. Althans zijn leerling, Valentinus, wordt als Jood gezien. Het is opvallend dat de Valentijnse leer met de Egyptische gnosis wordt vergeleken. Het verschil tussen de Joodse en Egyptische gnosis is minder groot dan men zou denken. Een nauwkeurige bestudering van de Kabala onthult bestanddelen van de Egyptische oergnosis. Gedurende

hun verblijf in Egypte moet het volk van Israël in contact zijn gekomen met aspecten van de Egyptische mysteriediensten. De op
deze manier verkregen kennis kan van generatie op generatie
zijn doorgegeven en binnen het Jodendom een stek hebben gevonden, zoals heidense opvattingen dat ook altijd hebben gedaan
binnen onze Christelijke samenlevingen.

Tijdens zijn lange verblijf in Polen moet de volmaakt ingewijde
Fausto Socinus in contact zijn gekomen met het grote terrein van
het Joodse denken, en hij moet erdoor gefascineerd zijn geraakt,
net als velen voor hem. Dat verklaart veel over het feit dat de
literatuur van de ingewijden spoedig na zijn dood werd doordrenkt
met de verkeerde soort Joods intellectuele traditie. Langs deze
weg vonden veel kabalistische elementen een weg in het maçon-
niek ritueel en in hun wijze van denken. Dat gaf later een open
uitnodiging voor een bepaald type Jood om zich bij de maçonnieke cultus aan te sluiten. Desalniettemin zijn de Joodse kabalen
separaat van de traditionele Loges blijven bestaan, nochtans niet
zonder samenwerking met de Hoge Raad der Vrijmetselarij, met
wie zij eenzelfde haat delen tegen zowel de Christelijke- alsook
Israëlische zaak.

Beide – het Christen- en het Jodendom – hebben in Gods plan
een gemeenschappelijke bestemming die nog op zijn vervulling
wacht. De Joden, die zich binnen het Joodse lichaam tegen die
bestemming keren, worden in het boek Openbaring in minder vlei-
ende woorden gekenschets: *"Zo verkondigt de Eerste en de Laatste
(...) Ik ken de godslastering dergenen die zeggen dat ze Joden
zijn en zijn het niet, maar integendeel een synagoge des Satans."*
(Op. 2:8-9).

11.5 – Het grootse ontwerp van de toekomstige wetenschap

Uit de "Geïllustreerde Geschiedenis van de Westerse- en Oosterse Filosofie" uit 2004 leren wij:

«« De Platoonse, hermetische en kabalistische opvattingen van het eind van de vijftiende en de hele zestiende eeuw werden door verschillende geleerden overgenomen: de Duitse humanist Johannes Reuchlin (†1522), die de Kabala bij de theologen van de Reformatie introduceerde; de wiskundige John Dee (†1608), die daardoor een enthousiast beoefenaar werd van de natuurwetenschappen; de Italiaanse denker Giordano Bruno (†1600), die op grond van animistische en magische theorieën een van de grootste en invloedrijkste verdedigers werd van het Copernicaanse wereldbeeld; de Engelse filosoof Francis Bacon (†1626), die occulte en ogenschijnlijk magische krachten herleidde tot niet waarneembare fysische structuren van objecten in de werkelijkheid. »» (redactie: Bor, Petersma, King – p. 227)

We richten onze aandacht weer op Francis Bacon. In 1618 werd hij verheven tot Lord Kanselier, het hoogste publieke ambt in Engeland, maar hij moest nog datzelfde jaar ontslag nemen na een bekentenis – vermoedelijk op uitdrukkelijk bevel van de koning – dat hij steekpenningen had ontvangen. De rest van zijn leven wijdde hij aan het schrijven van boeken en aan het vormgeven van het oeuvre van Shakespeare. Alhoewel zijn eigen wetenschappelijk werk weinig nieuws te melden had, waren het zijn ideeën en filosofieën die hem tot een belangrijk historisch figuur maken, vooral door de nadruk die hij legde op waarneming en experiment. Hij onderstreepte het belang van de inductieve methode tegenover de deductieve. Daarom wordt hij ook wel de vader van de moderne experimentele wetenschap genoemd, alhoewel die eer eigenlijk William Gilbert toekomt. Francis Bacons betekenis moet vooral gezocht worden in de functie en werking van onze wetenschappelijke instituten. Hij is de uitdenker van de prestigieuze Royal Society geweest, het oudste wetenschappelijk instituut op aarde.

Bacon wordt binnen de Vrijmetselarij hoog geëerd. Ze zien hem graag achter het incognito van William Shakespeare en dat is niet zonder reden. Gezien zijn antecedenten is het hoogst onwaarschijnlijk dat Will Shaksper van Stratford de auteur was van de collectie van Shakespeare, noch is het waarschijnlijk dat Francis Bacon zelf de auteur was wegens zijn drukke bezigheden, waardoor de tijd ontbrak om alle 39 toneelstukken te schrijven plus enige lyriek. Hij schreef waarschijnlijk de gedichten "Venus en Adonis" en "De Verkrachting van Lucrece". Desalniettemin had hij de leiding over het schrijven van de toneelstukken binnen de literaire groep de door hem werd gefinancierd, geheten "De Achtenswaardige Orde van de Ridders van de Helm". Deze groep is de werkelijke auteur van het Shakespeare project, waarvan het belangrijkste doel was om een vaste grondslag te geven aan de Engelse taal. De toneelstukken brengen ook het Baconiaanse idee over van hoe overheidszaken dienen te worden behartigd. De naam van "De Riddens van de Helm" was ter ere van de onzichtbare helm van de godin Pallas Athene, dat als inspiratiebron de mens uit zijn onwetendheid rukt – genaamd het shudden van de speer, in Engels 'the shaking of the spear'. Het schrijven was een enorm project waarin Edward de Vere (†1604), de Graaf van Oxford, een belangrijk rol heeft gespeeld. Onderwijl kreeg Will Shaksper van Stratford, de neef van de Vere middels de Arden familie, het auteurschap toegewezen opdat de werkelijke schrijvers achter de schermen konden blijven. Gertrude C. Ford maakt een overtuigend argument in haar boek uit 1964 "Een onbenoemde roos" (a rose by any name) dat het inderdaad de Vere was die als een van de belangrijkste mensen aan de Shakespeariaanse collectie heeft bijgedragen. Zij denkt, en velen met haar, dat hij 'de' schrijver was, maar dat is te hoog gegrepen.

Alhoewel Francis Bacon niet deelnam aan het Convent van Zeven, behoorde hij ongetwijfeld tot de hogere ingewijden van het Rozenkruis. In zijn utopisch vertelling "Het Nieuw Atlantis" is de titel van het laatste ongeschreven hoofdstuk "De Tweede Filosofie of de Actieve Wetenschap". Dit kan een codenaam zijn voor wetenschappelijke alchimie als tegenhanger van magische alchimie. Het geschrift werd spoedig na zijn dood uitgegeven als aanhangsel van "Sylva Sylvarum: of een natuurlijke historie gedurende tien eeuwen". Een gangbare opinie is dat hij door zijn voortijdig overlijden niet in staat is geweest zijn vertelling af te maken. Maar het was reeds enkele jaren eerder geschreven en de enig mogelijke conclusie is daarom dat Bacon het opzettelijk blanco liet, zijnde een hoofdstuk (de moderne wetenschap) dat nog op zijn vervulling wachtte; dat dus nog ongeschreven was.

Francis Bacon

Het laatste hoofdstuk kan als een alternatieve lezing voor de titel van het hele boek worden gezien. Sylva Sylvarum is een soort compendium van de stand van de toenmalige wetenschap. Indien er een tweede filosofie bestaat wat is dan de eerste? Het antwoord luidt: magische alchimie, die - zoals we hebben opgemerkt - via een middelaar, een soort augur, kan worden beoefend. Hij die dit nastreeft is een ontvanger die zich aan 'passieve wetenschap' onderwerpt. De tweede filosofie, de natuurlijke geschiedenis genoemd, betreft het wetenschapsonderzoek en haar toepassing (of Kunst), die binnen het menselijk domein vallen. Dat is een waarlijk 'actieve' wetenschap. Natuurlijke historie dient te worden vestaan als het kennis hebben van de natuur, op grond van het gegeven dat het griekse histos, dat weefgetouw betekent, naar het woord 'histor' verwijst, in de betekenis van "hij die over kennis beschikt" (van hoe het weefgetouw dient te worden gebruikt).

Nova Atlantis vertegenwoordigt in een utopische omlijsting een samenwerkingsverband dat op sommige punten een opvallende gelijkenis vertoont met het gerenommeerd Engels wetenschapsinstituut "The Royal Society" (de Londense Wetenschapsacademie), die op het moment van schrijven nog lang niet was opgericht. Dat zou pas in 1660 gebeuren. Het vertelsel speelt zich op een eiland af, Bensalem geheten: *"Zoon van Bensalem (...) de zegen van de eeuwige Vader, de Vredevorst, (...) ruste op u."* En ook: *"Wij onderhouden een handel, niet om goud, (...) maar enkel (ter verkrijging van) Gods eerste produkt, dat het licht was; ten einde licht (of kennis) te hebben, zo meen ik, van de groei van alle wereldbestanddelen."* In het voorwoord van Sylva Sylvarum zegt William Rawley over Nova Atlantis: *"Deze legende werd door hooggeachte schrijver bedacht met het oogmerk daarin een model of beschrijving van een college uiteen te zetten, dat zich zou inzetten om tot een verklaring van de natuur te komen en zodoende ten bate van de mensheid grote en prachtige werken te volbrengen, wat onder de naam geschiedt van Solomons Huis of het College van de Zesdagen Werken."* Dat laatste is een zinspeling op het zesdaagse scheppingsplan van de Bijbel. Nu echter doet de mens het scheppend werk. Bacon zegt niet dat dit college ter ere Gods is, maar tot 'meerdere' glorie die God zou hebben kunnen toekomen: een schandalige woordkeus! Het achterliggende idee is dat door toepassing van wetenschap de mens zich inzet tot een verbetering van Gods scheppingswerk. Het is deze aanmatigende houding die het wetenschappelijk establishment sindsdien heeft beheerst. De gouverneur van het college noemt zichzelf *"een priester uit roeping"* (niet daartoe gezalfd). Wat Bacon wil zeggen is dat wetenschappers de nieuwe priester-kaste uitmaken en de wetenschap zelf de nieuwe religie is. Bacon benadrukt dat dit samenwerkingsverband elk kwaad zou weten te overwinnen. Bij deze opzet zou religie verbannen worden – de zeevaarders zeiden immers: *"Wij 'waren' Christenen"* – en zou het wetenschapsdenken worden begroet als de nieuwe en exclu-sieve partner in overheidszaken. Het eiland Bensalem (zoon van vrede), waar zich alles afspeelt, is een messiaans klinkende naam die doet denken aan de eerste verzen van hoofdstuk negen van de profeet Jesaja:

> «« **Het volk dat in duisternis wandelt, heeft een groot licht ontwaard**, over hen die wonen in een land van de schaduw van de dood ging een stralend licht op. Uitbundig laat U hen juichen, U maakt hun vreugde groot. Ze verheugen zich voor uw aanschijn zoals er vreugde is bij de oogst en gejuich bij het verdelen van de buit. Want het juk dat op hem drukte, de stang op hun schouders, de stok van hun drijver, U hebt ze verbrijzeld als op de dag van Midjan. Alle dreunend stampende laarzen en met bloed doordrenkte mantels: ze werden in vlam gezet en door vuur verteerd. Want een kind is ons geboren, **een zoon is ons gegeven! De heerschappij is op zijn schouders gelegd** en hij zal heten: Wonderbare Raadsman, Goddelijke Held, **Vader voor Eeuwig, Vrede-vorst**. »»

De Zoon Gods wordt met het eiland Bensalem gelijkgesteld aan de vruchten van de wetenschappelijke inspanning, het stralende licht. Het rozenkruiserslicht is wel wat anders dan het Bijbelse licht, want dat gaat over kennis en begrip hebben van de natuur. De god van de geleerden van onze tijd is de kwade genus Luci-fer, de lichtdrager, want hij is het die hun godslasterlijke praktijk inspireert. In hun ogen is het juk dat moet worden afgeschud in de eerste plaats het pausdom en al wat Christelijk is.

De Latijnse spreuk rondom het embleem op de omslag van Nieuw Atlantis is "Tempora Patet Occulta Veritas", ofwel: "de tijd zal de verborgen waarheid aan het licht brengen", waarbij het embleem een duivel schetst die uit de duisternis trekt. Laten we daarom verder kijken naar wat dit verhaal betekent. Door een toevallige samenloop van omstandigheden wordt het eiland Bensalem door verdwaalde zeevaarders ergens op de Stille Oceaan ontdekt, wat niet klopt met de in 1667 uitgegeven "Geschiedenis van de Royal Society" van de hand van Thomas Sprat. De voorpagina daarvan toont Francis Bacon als leraar van de "Kunst" (Artium Instaurator). Bacon, altijd op zoek naar raadsels, versluiert daarmee het vanzelfsprekend gegeven dat het eiland dat de koninklijke "Kunst" herbergt, of de manier van doen ten bate van de wetenschap, Groot Brittannië zelf is. Aan land gekomen wordt de bemanning logies verleend in het 'vreemdelingenhuis'. Die naam is symbolisch voor de universiteit of verblijfplaats van de wetenschappers op dit eiland. De betekenis van vreemdeling, een woord dat 21x in het verhaal voorkomt, is Shakespeariaans. In Alcibiades: *"Ik ken u goed, maar wat uw lotgevallen betreft ben ik ongeleerd en vreemd".* En elders, maar nu in Macbeth: *"Waar komt deze vreemde intelligentie vandaan?"* Vreemd en kennis zijn hier dus gerelateerde begrippen. De ontraadseling gaat verder: in mijn woordenboek wordt vreemdeling omschreven als iemand die in een bepaald gezelschap of op een bepaalde plaats niet wordt gekend voor wie hij werkelijk is. Vandaar de term 'onzichtbaar' voor de Hartlibkring, voorloper van de Royal Society, die zich "Het Onzichtbaar College" noemde.

11.6 – De invloed van de Hartlibkring op de Royal Society

Kort na Bacons dood ontstond het gepropageerde samenwerkingsverband van het "Onzichtbaar College", een forum biedend voor gelijkgestemden, de crème de la crème. Het stond ook bekend als de Hartlibkring. Deze vereniging trachtte alchimie van een redelijke basis te voorzien door de anekdotische kennis die van alchimie bestond in een systematisch denkpatroon te plaatsen. Deze informele sociëteit of kring kan als de schakel worden gezien tussen de vaag individualistische alchimistische praktijk en de totstandkoming van het proefondervindelijk onderzoek. Eminente leden in de beginjaren waren Thomas Vaughan, Sir Kenelm Digby en Robert Boyle. Het is welhaast zeker dat Boyle niet alleen zijn bekwaamste proefnemer was, maar ook zijn meest getalenteerde natuurfilosoof, een man die de idealen en filosofieën van deze kring belichaamde in zijn meest intellectuele vorm. Zijn geschrift "De Oorsprong van Vormen en Kwaliteiten" was een condensatie van wat de Hartlibkring in de twee voorafgaande decennia had verricht, en het voorzag Newton van een intellectueel kader voor zijn eigen alchimistische verkenning.

Het Onzichtbaar College was een benaming die Hartlib en Comenius hadden bedacht. De term komt voor in Hartlibs boek uit 1641: "Een Beschrijving van het Beroemde Koninkrijk van Macaria - de gezegende", een utopisch verslag over de noodzaak en uitmuntendheid van onderwijs, dat aan het Long Parlement was gericht. De term wordt ook gebruikt in Comenius' werk dat kort nadien werd geschreven en "De Weg van het Licht" heet. Wat Comenius als de 'via lucis' of 'weg van het licht' aanprees, was het samenvoegen van de zoektocht naar hogere kennis en het streven naar maatschappijhervorming. De Engelse burgeroorlog belette diens publicatie, maar het werd uiteindelijk toch in 1668 gepubliceerd in Amsterdam. Hierin stelt hij: *"We mogen hopen dat een Kunst der Kunsten, een Wetenschap der Wetenschappen, een Licht der Lichten, ten langen leste in ons bezit zal komen. (...) De scholen van universele wijsheid (de universiteiten), door Bacon aanbevolen, zullen worden opgericht."* Hartlib zou bekend blijven als uitgever van talrijke door anderen geschreven werken, alhoewel hijzelf ruim dertig verhandelingen en tractaten heeft geschreven en uitgegeven. Toch is zijn invloed het sterkst geweest als sociaal netwerker. Hartlib wordt omschreven als een mediator, als iemand die als tussenpersoon handelt voor de verspreiding van nieuws, boeken en handschriften. Hij onderhield een ruim netwerk van correspondenten. Zijn vluchtelingencontacten in Midden Europa kwamen hem goed van pas. Tevens fungeerde hij als adviseur voor de patentering van nieuwe uitvindingen. Zijn belang voor de vooruitgang van de wetenschap in het eerste deel van de zeventiende eeuw is aanzienlijk geweest.

De bijeenkomsten in de periode na 1645 van Hartlib en zijn kennissenkring in plaatsen als Londen en Oxford leidden tenslotte tot de oprichting van de "Royal Society van Londen ter Bevordering van de Natuurlijke Kennis", waar Newton een vooraanstaand lid van zou worden. Hij werd uiteindelijk voorzitter. Zo'n 350 jaar later omschrijft de Royal Society zichzelf als de onafhankelijke wetenschappelijke academie van het Verenigd Koninkrijk, gericht op het bevorderen van de kwaliteit van wetenschap, terwijl, zo staat er, het een invloedrijke rol speelt in het nationale en internationale wetenschapsbeleid en een breed scala steunt van wetenschappelijke knowhow en technologische ontwikkelingen. Tegenwoordig krijgt een lid van de Royal Society niet alleen veel eer en aanzien, maar krijgt ook een grote publieke geloofwaardigheid. Vergelijkbare eerbewijzen en posities in de Verenigde Staten en elders dragen bij aan de opinievormende status van wetenschapsmensen, voorwaar de nieuwe priesters van onze tijd.

Dit grootse plan werd Bacons Nieuw Atlantis onbeschaamd genoemd: *"de edelste stichting, die ooit op aarde bestond"*, nog edeler dan Christus' Kerk, ja *"het oog zelf van het koninkrijk des hemels"*. De inwerkingstelling daarvan zou in 1660 plaatsvinden, het jaar waarin de stichters een verzoek indienden ter verkrijging van een koninklijk statuut. Heel toepasselijk vond dat op het eeuwfeest van Bacons geboorte plaats. Toch bleef de Hartlibkring na Hartlibs overlijden in 1662 bestaan, alhoewel het in 1660 aan zijn primaire taak had voldaan. Het bestond uit een netwerk van niet nader genoemde adepten, die de alchimistische vlam brandend hielden. Dezen werkten geruisloos in de omgeving van de Royal

Society, binnen London dus. Een aanzienlijk aantal was trouwens lid van de Royal Society.

De term 'het oog van het koninkrijk des hemels' is afkomstig uit Nieuw Atlantis: *"Het kwam zo uit dat in een der boten een van de wijze mannen van de Sociëteit van het Huis van Saloman had plaatsgenomen, welk huis of college, mijn waarde broeders, het ware oog is van dit koninkrijk (des hemels) (...) en het komt onze ordegenoten toe Gods scheppingswerk en de ware geheimen ervan te leren kennen."* In het vertelsel wordt bij monde van de gouverneur van het vreemdelingenhuis, die Francis Bacon zelf moet voorstellen, gezegd dat *"dit huis gedurende 37 jaar geld opzij moet leggen (...) de Staat zal het bekostigen (...) en (als dat gebeurt zal de oorspronkelijke kring) niet meer blijven bestaan."* Dit zou kunnen betekenen, dat Bacon – die volgens sommigen dit in 1623 heeft neergeschreven – op deze manier aangaf wanneer een koninklijk statuut moest worden aangevraagd, en wel in het jaar 1660.

11.7 – Newtons invloed op de Hartlibkring

Ter afsluiting nog enkele gedachten over Isaac Newton (†1727), ontleend aan Michael Whites boek uit 1997 "Isaac Newton, de Laatste der Tovenaars":

«« Newton heeft wellicht in woord en geschrift aan het netwerk van de Hartlibkring bijgedragen, ofschoon dit nooit voor de volle honderd procent is aangetoond. Hij zou zich op een wat perverse manier comfortabeler hebben gevoeld zijn alchimistische conclusies aan collega's voor te leggen binnen het geheim genootschap, dan in plaats daarvan zijn 'wetenschappelijke' artikelen aan de Royal Society toe te sturen. Dat had bijna zeker te maken met zijn omfloerste manier van doen. Newton waakte angstvallig over zijn privacy en duldde geen enkele kritiek. Jaren later wilde hij met niemand anders overleggen dan Hendrik Oldenburg, de secretaris van de Royal Society, die hem met zijn publicaties via de Royal Society bijstond. Het is veelzeggend dat ook Newton zich als alchimist achter een pseudoniem verborg. Zijn schuilnaam zegt veel: "Jehova Sanctus Unus" – De Ene Heilige God, gebaseerd op een anagram van de Latijnse versie van zijn naam: Isaacus Neuutonus.

Newton, aldus bewapend met kennis van de mysterieën en van een gedegen basis voorzien door zijn vroegere aftastende contacten met de alchimistische onderwereld, in het bezit ook van een werkruimte vol ovens, laboratoriumuitrusting en chemicaliën, ja wat was hij eigenlijk van plan? In modern opzicht lijken zijn eerste experimenten uitgesproken prozaïsch, maar al doende trachtte hij meer grip te krijgen op zijn onderwerp, waarbij hij het duidelijk afgebakende terrein van zijn voorgangers betrad, in het bijzonder dat van Robert Boyle. Nochtans onderscheidde Newtons methodische aanpak hem van bijna alle duizenden alchimisten die hem waren voorgegaan. Vanaf het begin maakte hij er een gewoonte van om op zijn eigen kenmerkende wijze aantekeningen te maken met aandacht voor zelfs de kleinste details, daarbij steunend op een uitzonderlijk observatievermogen. »»

Op grond van de oorsprong van de wetenschap en de invloed van de vrijmetselaarsorde, of wat daaraan vooraf ging, op grond ook van de middelen en oriëntatie van het wetenschappelijk onderzoek, en dat voert terug tot aan de zestiende eeuw, hoeven we nauwelijks verbaasd te zijn over de ontsporing van onze moderne wetenschappelijke praktijk, die vaak dwaas en onetisch is en politiek gemotiveerd, terwijl de gevestigde orde de mythe handhaaft dat wetenschap 'altijd' objectief is en ons de middelen verschaft om deze wereld van al haar kwalen te bevrijden. Dit paradigma is zover doorgeschoten dat het 'onbegrensd' wetenschappelijk potentieel tot een waar geloofsartikel is verheven. Geen wonder dat "Gelukkig zij het volk van Bensalem" zich niet heeft kunnen waarmaken, verre van dat.

11.8 – Afsluitende opmerkingen

In onze zoektocht naar het pad dat naar de moderne wetenschappelijke routine zou leiden, begonnen we bij de klassieke Griekse cultuur. De ondertiteling van onze verhandeling heet "Van Thales tot Newton". Meestal wordt het begin van echte wetenschap bij Plato gesitueerd, maar het was in feite Thales van Miletus. Hij was de eerste die systematisch denken voorstond zonder op mythologische bespiegelingen terug te vallen. De oude Grieken erkenden Thales' genie en zagen in hem de eerste van de zeven wijzen. Ze schreven aan hem het aforisme toe van "gnothi seauton" (γνῶθι σεαυτόν): ken uzelve. Thales is de oude wereld afgereisd en heeft toen kennis opgedaan bij de Egyptenaren, Chaldeën en Babyloniërs. Daarna bracht hij het geleerde naar Griekenland en werkte het verder uit. Wat vóór zijn tijd is gebeurd is in nevelen gehuld, en omdat we zonder oude handschriften geen geschiedenis kunnen schrijven, startte onze verhandeling met Thales.

Onze belangstelling gaat niet zozeer uit naar de gedetailleerde vruchten van de wetenschap, maar eerder naar het analytische- en deductieve instrumentarium dat daarachter verscholen ligt en de relatie tot het religieuze normbesef. We gaan hier niet de ontdekkingen aanstippen die tot onze huidige wereld hebben geleid. Het is niet de toepassing van de wetenschap die ons hier interesseert en al zijn uitvindingen, wel het denken dat daaraan ten grondslag ligt. Onze verhandeling lijkt tot een abrupt einde te zijn gekomen. Maar dat is toch niet zo. Het is het einde van de ontdekking van hoe wetenschap moet worden bedreven. Toen de mensheid op dat punt was gekomen, volgde de rest vanzelf. Om het citaat van Keynes te herhalen:

> «« Hij was 'niet' de eerste van de eeuw der rede, de eerste en grootste van het moderne tijdperk van wetenschappers, iemand die ons leerde om langs de lijnen van koude en onvervalste logica te gaan, zoals men hem in de achttiende eeuw zag. Neen, hij was de laatste van de magiërs, de laatste van de Babyloniërs en Sumeriërs. (...) Isaac Newton, een

postuum kind dat op Kerstdag 1642 ter wereld kwam, was het laatste wonderkind aan wie de Wijzen uit het Oosten vol overgave en met recht hulde zouden hebben gebracht. »»

Onze verkenning van het ontluiken van de wetenschappelijke geest eindigt derhalve bij Isaac Newton, die als scharnierpunt fungeert tussen de oude gewoontes en de moderne wetenschap. Bij zijn dood in 1727 kan worden gesteld dat de moderne wetenschappelijke praktijk het licht zag! De fakkel werd door de Royal Society overgenomen. Wat na zijn dood gebeurde is voor ons minder belangrijk want dat is extrapolatie.

In onze dagen zijn de gevaren van de wetenschappelijke geest, zoals Newton die bezat, pijnlijk waarneembaar geworden. Wetenschap is een dwaze zelfverheffing van de mens geworden. Ook Newton was hoogmoedig. Een nieuw paradigma is vereist opdat we God zijn gerechte plaats toekennen in onze zoektocht naar kennis. De schepping en haar wonderen, waarin wij leven, kwamen niet toevallig tot stand, alsof het in de baarmoeder van een gedachteloos universum is ontstaan, maar het geschiedde door een bewuste verrichting van God almacht, Hij die in al zijn wegen volmaakt is en de schepping door zijn almacht in stand houdt. We zijn hier niet om zijn werken te perfectioneren (alsof zijn schepping vol fouten zit), wel om mee te helpen die schepping naar de door God gewilde bestemming te brengen. Zoals Fanny Moisseieva schreef:

«« Een ware wetenschapper is nooit een atheïst. Hij onderzoekt met zijn begaafdheid al zijn vondsten en op die manier erkent hij de grote Schepper met heel zijn hart en ziel. Wanneer God de intelligente ontwikkeling ziet van degenen die naar een betere kennis van de dingen streven ter verbetering van hun kortstondig bestaan, zal Hij met zijn genade hun inspanningen steunen. Maar dat staat niet los van Gods wens van de perfectionering van hun zielen. »»

ENCYCLOPEDISCHE GEGEVENS
OVER DE SOCINIANEN

Excursus I:

Uit: B. Melkert OP: "Socinianen". In Theologisch Woordenboek van Brink OP / Kreling OP / Maltha OP / Walgrave OP (red.) [Deel 3, Maaseik Roermond 1958, kol. 4376-77].

Socinianen, ook wel Unitariërs genoemd (behalve in Polen), zijn volgelingen van Lelio en Fausto Socinus. Zij staan vooral bekend om hun antitrinitarische dwalingen. Lelio Socinus moet beschouwd worden als de 'auctor intellectualis' van deze bewe– ging. Geboren te Siena in 1535 onderging hij de rationalistisch pelagiaanse stroming van het humanisme in Italië. Hij heeft Bullinger, Calvijn en Melanchton ontmoet en verbleef lange tijd in Polen, waar zijn rationalistische opvatting in de kringen van de adel invloed had. Hij stierf in 1562 te Zürich. Zijn neef Fausto, geboren te Siena in 1539, bestudeerde zijn werken en gaf enkele studies uit, door de geest van Lelio geïnspireerd. Ook hij leidde een zwervend leven, verbleef aan het hof van de Medici te Florence, woonde een tijd in Bazel en vertrok in 1579, na een kort verblijf te Zevenburgen, naar Polen, waar hij de Sociniaanse beweging haar organisatie gaf. Hij stierf in 1604, na jaren van vervolging, in zijn schuilplaats het dorpje Luclawice bij Krakau. Polen werd het bolwerk van het Socinianisme. In 1605 verscheen de Rakowse Catechismus, die spoedig in het Duits en het Latijn werd vertaald. Te Rakow werd een academie opgericht, het "Gymnasium Bonarum Artium", waar filosofie en theologie werden gedoceerd en aanstaande predikanten werden opgeleid. Bekende theologen zijn o.a. J. Völkel, H. Moskorowski en J. Crell. Toen het leven in Polen hun vrijwel onmogelijk gemaakt werd, weken velen uit naar Silezië, de Nederlanden en Pruisen. In Nederland deden ze veel van zich spreken in de tijd van het deïsme, maar ze verdwenen tenslotte als aparte groep door hun aansluiting bij de Remonstranten en nog meer bij de Doopsgezinden en de Collegianten. Van Nederland werd de beweging naar Engeland overgebracht, waar zij bekwame leiders had in de personen van Lindsey (†1808) te London en Priestly (†1804) te Birmingham. Priestly bracht het Unitarisme over naar Noord Amerika. Onder invloed van de ideeën van Kant en Fichte gaf Channing aan het Unitarisme een nóg radicalere vorm, zodat het daar feitelijk is geworden tot een ethisch natuurrechtelijke beweging. De American Unitarian Association telde in 1958 circa 300 gemeenten met 70.000 leden en heeft haar hoofdzetel te Boston. Aan de Harvard University is een theologische faculteit der Socinianen verbonden; in Meadville in Pensylvania bestaat de Meadville Theological School en in Berkeley de Unitarian Theological School. Het Amerikaanse Unitarisme heeft een invloed uitgeoefend op het Engelse dat zijn hoofdzetel te Londen heeft en een leerstoel in Oxford. Het aantal Unitariërs is hier ook circa 70.000 (ook in 1958). Kleine groepen leven in India, Japan en Nieuw Zeeland.

De Sociniaanse leer: Men ontkent de Drievuldigheid van Personen in God en men aanvaardt slechts één Persoon: de almachtige Vader. In hun opinie is het aanvaarden van de H. Drieëenheid volgens de H. Schrift onverdedigbaar; Christus zou geen goddelijke natuur hebben bezeten, zijn lijden zou niet plaatsvervangend en verzoenend zijn geweest. Naar hun mening leefde Christus na Zijn geboorte uit Maria heilig en zonder zonde en Hij gaf ons een voorbeeld van volkomen gehoorzaamheid; als loon ontving Hij daarvoor het eeuwige leven. Voor hen is niet het priesterlijke ambt maar veeleer het profetische en het koninklijke ambt van waarde. Men dient Hem na te volgen in Zijn vertrouwen op Gods beloften en Zijn onderhouden van de geboden. Volgens hen is er nooit sprake geweest van oorspronkelijke gerechtigheid en erfzonde; de mens is vrij en wordt niet door predestinatie of voorbeschikking gebonden; hij behoeft niet van zonde verlost te worden en heeft geen genade nodig; verrijzenis van het lichaam is in strijd met de natuurlijke rede; de eeuwigheid van de Hel kan niet worden aanvaard omdat Satan en de goddelozen vernietigd zullen worden; de sacramenten van doop en avondmaal zijn ceremonies in Zwingliaanse zin, die gelovig erkend moeten worden. Veel aandacht wordt besteed aan de natuurlijke moraal. Uit de praktijk blijkt dat de Socinianen in de Angelsaksische landen in sociaal opzicht veel tot stand hebben gebracht.

Excursus II:

Uit: C. J. Bleeker e.a. in "Encyclopedie van de godsdiensten, kerken en sekten", Winkler Prins Bibliotheek [Amsterdam/Brussel 1978, pp. 275-76].

Unitariërs zijn Christenen die de leer van de Heilige Triniteit verwerpen. Voorlopers waren o.a. de Socinianen, genoemd naar Fausto Sozzini, die in 1579 een antitrinitarische kerk had gesticht in Rakow (Polen). Door de Poolse contra-reformatie werden zij naar ondermeer Nederland en Roemenië verdreven. In de 17e en 18e eeuw groeide de Unitarische overtuiging uit tot een beweging, toen het rationalisme, humanisme, het vooruitgangsgeloof en de verlichting sterk de overhand kregen. Het wezen van het Christendom werd vooral gezocht in de ethiek van de alléén als mens beschouwde Jezus van Nazareth. Th. Lindsey (†1808) verliet in 1774 de Anglicaanse kerk en stichtte samen met J. Priestley (†1804) in London de eerste Unitarische gemeente, welke in 1825 met andere gemeenten samenkwam in de "British and Foreign Unitarian Association". In 1928 nam deze gemeentenbond de huidige naam aan: "Unitarian and Free Christian Churches", die een congregationalistische kerkorde kent. In Noord Amerika ontstonden Unitarische gemeenten uit de linkervleugel van de Congregationalisten; in 1785 werd te Boston (Mass.) de eerste gesticht door J. Freeman. Ook in dit land had Priestley grote invloed. In 1825 kwam een vereniging van gemeenten tot stand die zich de "American Unitarian Association" noemde. Th. Parker stelde uit elementen van het Book of Common Prayer een Unitarische liturgie samen. In 1959 kwamen vertegenwoordigers van de Amerikaanse

Unitariërs en van de Universalisten tot een overeenstemming. In 1961 werd de verenigde denominatie gesticht met ongeveer 160.000 leden. Doel van de unie was ondermeer het verbreiden van universele waarheden, geleerd door de grote profeten en leraren van de mensheid en samengevat in de Joods Christelijke erfenis als de liefde tot God en tot de medemens. De waardigheid van de mens en het gebruik van democratische methoden in menselijke verhoudingen, benevens de visie van één wereldgemeenschap, gegrond op de idealen van broederschap, gerechtigheid en vrede, behoren tot deze waarheden. De Unitarische kerken zijn leden van het "International Congress of Free Christians and other Religious Liberals".

Excursus III:

Uit: C.J. Bleeker e.a. in "Encyclopedie van de godsdiensten, kerken en sekten" van de Winkler Prins Bibliotheek [Amsterdam/Brussel 1978, p. 246].

Een kleine groep Lutherse geleerden noemde zich in het begin van de 17ᵉ eeuw de Broederschap der Rozenkruisers, die naar zij voorgaf (!) was gesticht door een zekere Christian Rosenkreuz (1378-1484). Deze groep deed in 1614-17 enige anonieme geschriften verschijnen, die het ontstaan en de toenmalige toestand en werkprogramma van de broederschap schetsten en veel opzien baarden. De grondstellingen van de Rozenkruisers werden verder uitgewerkt in geschriften van de met hen sympathiserende Duitse geneesheer en alchemist Michael Maier en de Engelse geneesheer R. Fludd. In het verdere verloop van de 17ᵉ en 18ᵉ eeuw bleek het bestaan van verscheidene andere geheime rozenkruisersgenootschappen, niet alleen in Duitsland, maar ook in Engeland, Frankrijk en Amerika. Zij waren dikwijls overwegend alchimistisch en deels Christelijk, deels louter humanitair ethisch geïnspireerd. Een van de belangrijkste, nl. de in 9 graden georganiseerde "Orden der Gold- und Rozenkreutzer", verbreidde zich vooral in Midden Europa en kreeg nauwe banden met de Vrijmetselarij. Ze werd eind 18ᵉ eeuw ontbonden. Sedert eind 19ᵉ eeuw is de Rozenkruisersbeweging herleefd in een aantal organisaties met het karakter van geheime genootschappen. De voornaamste in Nederland en België vertegenwoordigde organisaties zijn "The Ancient Mystical Order Rosae Crucis", de in 1909 opgerichte "Aloude Mystieke Orde Rosae Crucis" (afgekort: A.M.O.R.C.) en ook "The Rosicrucian Fellowship", eveneens in 1909 opgericht, en tenslotte het daarvan in 1934 als zelfstandig Nederlands genootschap afgescheiden "Lectorium Rosicrucianum".

Excursus IV:

Uit: Pauwels/Nauta: "Socinianen". In De Katholieke Encyclopaedie van P. Van Der Meer OP / F. Baur / L. Engelbregt OFM (red.) [vol. 22, Amsterdam/Antwerpen 1954, kol. 98].

De Socinianen, ook wel Poolse Broederschap of Unitariërs geheten, zijn een rationalistisch Protestantse sekte, genoemd naar hun voornaamste leraar, Fausto Socinus uit Siena (†1604). Op grond van zijn werken werd door zijn leerlingen in 1605 de Rakowse Catechismus opgesteld, die als hun belijdenisgeschrift kan worden beschouwd. Ze stellen het menselijk verstand boven de Bijbel en de Openbaring; ze verwerpen de leer van de H. Drieëenheid, Christus' Godheid en de Verlossing door Hem; en ze aanvaarden Hem slechts als voorbeeld. In de 17ᵉ eeuw beschikten ze over bekwame theologen, zoals Joh. Volkelius (†1618), Joh. Crell (†1631) en Jonas Schlichting (†1661). In 1658 werden ze uit Polen uitgewezen. Behalve in Zevenburgen (Transylvanië) vestigden ze zich tevens in Pruisen, Nederland, Engeland en Noord Amerika. Hun denkbeelden werkten na in de 'Aufklärung'. Tegenwoordig vinden de Unitariërs hun centrum aan de Harvard University te Cambridge (Mass.).

• De Verhouding tussen Geloof en Wetenschap

Hier volgt een citaat uit de "Catechismus van het Theologisch Modernisme" (1:2:3), betreffende de verhouding tussen geloof en wetenschap, dat een bewerking is van de encycliek van Paus Pius X uit 1907 waarin het Modernisme aan de kaak wordt gesteld, gekenmerkt als de 'opeenstapeling van alle ketterijen'.

Door Pater J.B. Lemius [oblaat]

CATECHISMUS VAN HET THEOLOGISCH MODERNISME

GEBASEERD OP DE ENCYCLIEK
PASCENDI DOMINICI GRECIS
(het weiden van de kudde des Heren)

„We moeten nú de stilte verbreken
om voor de hele Kerk de ware aard te openbaren
van de lieden die deze kwalijke vermomming
hebben aangenomen."
St. PIUS X.

Vraag — *Wat valt te zeggen over de Modernistische opvatting over de verhouding tussen het wetenschappelijk onderzoek en godsdienst?*

Antwoord — De theologische Modernist legt uit: „We hebben nu voldoende materiaal in handen om hier iets zinvols over te vertellen met name over het geschied-kundig onderzoek op religieus gebied die met weten-schappelijke premissen wordt uitgevoerd."

V. — *Hoe benaderen de Modernisten het probleem van de verhouding tussen geloof en wetenschap?*

A. — „Volgens hen staat het één los van het ander. Ze zouden hoegenaamd niets met elkaar te maken hebben aangezien het geloof zich met zaken bezighoudt die wetenschappelijk onkenbaar zijn. Deswege heeft ieder zijn eigen schootsveld: het geloof beperkt zich tot de goddelijke realiteit, tot wat 'niet' kan worden waarge-nomen; op haar beurt beperkt de wetenschap zich tot wat 'wel' kan worden waargenomen."

V. — *Kunnen geloof en wetenschap met elkaar in botsing komen?*

A. — „Men leidt hieruit af dat ieder zich op zijn eigen terrein begeeft. Omdat hun terreinen methodisch van elkaar zijn afgescheiden kunnen ze, wil men consequent zijn, elkaar nooit ontmoeten en is er dus nooit een on-oplosbaar conflict."

V. — Indien men aanvoert dat er manifestaties zijn in de zichtbare natuur die bij het geloof horen op het brede terrein van Gods handelend optreden, zoals zich dat ook in het menselijk leven van Jezus Christus heeft voorgedaan, wat antwoorden zij dan?

A. — „Dan ontkennen zij dat resoluut."

V. — Dat is toch te gek voor woorden. Hoezo?

A. — „Weliswaar, zullen ze zeggen, zijn er goddelijke manifestaties die tot de wereld der verschijnselen behoren, maar wanneer die in een later stadium worden getransfigureerd en gedeformeerd om in hun nieuwe kledij deel te gaan uitmaken van het geloof zijn ze aan de zintuiglijke wereld onttrokken en zijn daarmee onwetenschappelijk geworden. Daarna bevinden ze zich binnen de zogenaamde immanente werkelijkheid."

V. — Is het nog nodig zich af te vragen of volgens deze opvatting Jezus Christus metterdaad grote wonderen en bepaalde uitspraken heeft gedaan en werkelijk uit de dood is opgestaan en ten hemel gestegen?

A. — „ Op grond van het voorgaande spreekt het vanzelf dat de Modernist, die van hetzelfde kaliber is als de agnosticus, daar maar één antwoord op heeft en dat is dat die dingen nooit kunnen hebben bestaan, terwijl de Christen dankzij de eigentijdse getuigenissen, die nauwkeurig zijn opgetekend, maar tot één conclusie kan komen: ja, die dingen en nog veel meer zijn geschiedkundige feiten die zich metterdaad hebben voorgedaan! Daarom hoeft de gelovige niet alleen te geloven maar mag hij ook weten dat zijn geloof redelijk is onderbouwd."

V. — Ontkennen de Modernisten en het wetenschappelijke milieu waartoe zij behoren dat de getuigenissen, zoals die in de Evangeliën zijn opgetekend, een historisch betrouwbare weergave zijn?

A. — „De evangelische overlevering is een vorm van geschiedschrijving die de toets van wetenschappelijke methoden kan doorstaan, een gegeven dat a priori wordt ontkend. Hier toont zich het Modernisme als een enggeestige levensbeschouwing die geen tegenspraak dult zelfs indien deze wetenschappelijk is onderbouwd. Geen middel blijft onbeproefd om de geschiedkundige feitelijkheid van het Bijbels verslag teniet te doen zelfs tegen beter weten in. Een zeer trieste zaak!"

V. — Wat is hun a priori standpunt over het verschil tussen wetenschap en het Christelijk geloof aangaande de historiciteit van het verslag?

A. — „ Men zal ervoor moeten waken om een conflict tussen die twee te zoeken, antwoorden zij, want volgens de historicus sprekend in zijn wetenschappelijk jargon begeeft Jezus Christus zich uitsluitend in de objectieve historiciteit. Wat de gelovige betreft begeeft Jezus Christus zich uitsluitend in de door het geloof gecreëerde werkelijkheid, een virtuele geen reële werkelijkheid."

Commentaar: Dat het objectief historisch onderzoek anders uitwijst daar wil de Modernist gemakshalve aan voorbijgaan of hij zal dat met veel aplomb afwijzen.

V. — Indien geloof en wetenschap zich elk op hun eigen terrein begeven zijn die twee dan gelijkwaardig?

A. — „ Men zou zich volgens de Modernist ernstig vergissen indien men ervan uitgaat dat de wetenschap het onderspit delft als het geloof tot constateringen komt die tot het wetenschappelijk domein horen."

V. — Wanneer moet het geloof zich aan de wetenschap onderwerpen terwijl dat andersom nooit zo is?

A. — „Er zijn welgeteld drie omstandigheden waarvoor de Modernist dit wil toepassen."

Commentaar: Er is hier sprake van een kunstmatig contrast omdat geloof en wetenschap geen losstaande gebieden zijn maar congruent. Waar de gebruikelijke manier tekortschiet door de beperkende methodiek van wetenschapsvorsing, die slechts onderzoekt wat waarneembaar is en geen unieke gebeurtenissen in een proefopstelling kan herhalen (zoals de oerknal), biedt systematisch historisch onderzoek de juiste benadering. Bij wonderen bijvoorbeeld moet het onderzoek zich richten op een minitieuze bestudering van de getuigenverklaringen, wat tot betrouwbare resultaten voert.

*V. — Wat is de eerste door Modernisten geformuleerde
omstandigheid waarbij het geloof zich aan de wetendschap
moet onderwerpen?*

A. — „ Zegt de Modernist: „Ten eerste dient te worden
opgemerkt dat het onderwerp van het één radicaal is afgescheiden van het ander. Derhalve begeeft ieder zich
op zijn eigen terrein. De wetenschap houdt zich alleen
bezig met het waarneembare, met de zintuiglijke realiteit, die tot verifieerbare dus ware uitkomsten leidt. Het
geloof daarentegen bemoeit zich met de bovenzin-
tuiglijke realiteit, het vermeende goddelijke. Ingeval het
geloof zich bezighoudt met veronderstelde zintuiglijke
manifestaties dient het zich natuurlijk aan de wetten,
het toezicht en het oordeel van de wetenschap en het
geschiedkundig onderzoek te onderwerpen." ."

Commentaar: Wat het geschiedkundig onderzoek betreft gebiedt de logica dat wat stelselmatig wordt ontkend, ook niet kan worden gevonden; een betrouwbaar
oordeel hangt van de objectiviteit van de onderzoeker
af en dat is hier niet het geval. En wat de natuurkundige
wetten betreft, staat het God vrij daarvan af te wijken.
Om God die vrijheid te ontzeggen is absurd, alsof Hij
een domme natuurkracht is."

V. — En wat is de tweede omstandigheid?

A. — „Als men beweert dat het geloof zich uitsluitend
op God richt, moet men dit verstaan in de zin van de
goddelijke en ongrijpbare realiteit, niet in die van het
filosofisch beargumenteerde idee over God. Het idee
behoort de filosofie toe die er als het ware de vader van

is. In de logische opbouw die haar eigen is tracht zij ideeën successievelijk naar het absolute en het ideaal omhoog te tillen. Aan de consequent doordenkende filosofie hoort daarom het recht toe zich bepaalde 'ideeën' over God te vormen en als tuchtmeester van het geloof op te treden opdat vreemdsoortige elementen in de evolutie van het godsidee worden uitgebannen. Vandaar de Modernistische stelregel dat de religieuze ontwikkeling gelijke tred moet houden met die van de verstandelijke en zedelijke inzichten. Het religieuze moet zich volgens een woord van een van hun volgelingen daar ondergeschikt aan maken."

V. — En wat is in hun ogen de derde?

A. — „ De mens is afkerig van innerlijk conflict. De gelovige heeft daarom een dwingende behoefte om geloof en wetenschap met elkaar te verzoenen, maar dat dient wel zo te gebeuren dat de sublieme wetenschappelijke ontdekkingen die er op veel terreinen zijn, worden gerespecteerd."

V. — Wordt in dit drieluik opgeroepen tot een slaafse onderwerping van het geloof aan de wetenschap?

A. — „Duidelijk is dat het wetenschappelijk establishment in alles het laatste woord wil hebben, zelfs als ze zich openlijk agnostisch en atheïstisch opstelt, ondanks het feit dat men zegt dat die twee disciplines elkaars vreemdeling zijn."